KB122948

수학은 스토리다

수학은 스토리다

수포자도 읽을 수 있는 수학책

박옥균 지음

리더스가이드

| 머리말 |

“이렇게 공부했다면 수학을 더 재미있고 즐겁게 배웠을 텐데!”라고 수학자들은 종종 자신의 책에서 이야기합니다. 수학에 지름길이 있는 것일까요? 수학의 역사와 수학자들의 삶을 통하면 수학을 더 잘 배울 수 있다는 이야기입니다. 그렇게 배운다면 무엇이 다를까요? 수학을 수식과 문제 풀이가 아닌 이야기로도 배울 수 있다는 뜻입니다. 수학자가 만든 수식에는 그 학자의 삶과 동료들과 함께 만들어가는 이야기가 있습니다. 누구나 이야기를 좋아합니다. 이야기에는 전달하는 힘이 있습니다. 종교와 철학이 수천 년을 이어오는 이유도 이야기와 함께 해왔기 때문입니다.

수학에서 이야기가 사라진 이유가 무엇일까요? 근대에 들어오면서 문명이 빠르게 발전합니다. 수학의 발전이 큰 역할을 한 것이지요. 몇몇 뛰어난 사람을 중심으로 발전하던 수학이 그때부터 많은 사람이 알아야 할 내용이 되었습니다. 많은 사람을 교육할 방법을 찾아야 했습니다. 산업이 발전하는 속도에 맞추기 위해 빨리 익히고 빠른 활용에 맞춰서 교육 내용도 바뀌어 갑니다. 자연스럽게 ‘문제 해결’ 능력을 키우는 방향이 되었습니다. 현대로 오면서 수학을 잘하느냐에 따라 2개 분야(문과와 이과)로 나뉘고 문과는 수학 점수가 낮은 사람들이 가는 곳이 되었습니다.

수학의 발전을 이끌어온 사람들은 이 상황에 당황할 것 같습니다. "세상 모든 것에 수학이 필요 없는 것이 있을까"라고 물을 겁니다. 그들은 모든 사람이 함께 수학에 흥미를 느끼는 배움의 방법을 찾기를 바랐을 겁니다. 하지만 수학 교육은 '조금' 아는 사람이 설 자리가 좁았습니다. 처음 배울 때 문제 풀이를 하지 못하면 '싹'을 잘라내듯 수포자로 만들었습니다. 조금만 더 지켜보아 주고 흥미를 찾게 해주면 얼마든지 잘할 수 있는 사람도 수학에서 멀어지게 했습니다. 문제 풀이를 잘하면 수학의 의미는 잘 몰라도 되었습니다. 대학에 들어갈 때 수학을 잘했던 사람들에게 수식의 모양이 유사한 '방정식'과 '함수'의 차이를 물었습니다. 간단한 식이라 문제 풀이는 쉽게 했을 텐데, 의미에 관해서는 대부분 잘 이야기하지 못하였습니다.

수학 교과서는 수학의 역사를 알기가 쉽지 않게 서술되어 있습니다. 마치 각 단원이 별개의 수학 분야인 것처럼 구성되어 있습니다. 사실은 모두 연관되어 발전한 것인데도요. 그러다 보니 매 단원 '새로운' 수학을 배워야 하는 것처럼 되었습니다. 방정식을 풀다가 함수가 나올 때, 마치 전혀 다른 내용인 것처럼 함수의 정의를 새로 외워야 했습니다. 애초에 함수가 방정식에서 발전한 것인데도요. 더군다나 낯선 기호와 일상에서 쓰지 않는 한자어로 된 개념어는 충분히 설명하지 않고 넘어갔습니다. 그런 용어들의 뜻을 잘 모르는 채로, 수학 문제 풀이에 집중해야 했습니다. 수학 기호와 개념들이 외계어처럼 느껴졌을 겁니다. 그러니 수학이 우리 삶에 어떤 관련이 있는지 잘 알 수 없었습니다. 수학에는 정답만 있는 것처럼 보이기도 했습니다. 수학의 사고는 다양한 상상과 시도를 통해서 발전한 것인데도요. 다른 사고로 접근하는 경우는 틀렸다고 했습니다. 어떤 수학자는 정답은 틀려도 과정이 맞으면 90점을 주고, 새로운 방법을 시도했다면 정답이 아니어도 100점을 주는 평가가 필요하다고 말합니다.

그럼에도 수학은 큰 문제 없이 기술의 발전과 함께 발전해 왔습니다. 수학자와 엔지니어를 배출하는 데는 문제가 없었기 때문입니다. 하지만 인공지능이 대두되고 4차 산업혁명의 시대가 되면서 새로운 관점이 필요해졌습니다. 수학의 중요성이 더 커졌을 뿐만 아니라 더 많은 분야에서 수학이 필요해졌습니다. 수학을 바탕으로 한 알고리즘은 더욱 복잡해지고 그것을 알지 못하면 세상의 변화를 따라가기 힘들게 되었습니다. 초등학교에서 프로그래밍을 가르치고, 법원에서 인공지능 판사가 등장했습니다. 수학을 잘 사용하지 않던 일에서 통계, 빅데이터, AI 등을 사용하고 있습니다. 이제는 수학 공부 잘하는 사람만이 아니라 '모두'가 어느 정도는 수학을 알아야 하는 시대가 되었습니다. 수학을 이해하고 활용할 수 있는 사고력이 필수적인 능력이 되어가고 있습니다.

수학을 즐기고 이해하는 방향으로 수학을 가르치고 배울 때입니다. 수학 교육의 변화를 바라면서 책으로 먼저 그 과정을 펼쳐보았습니다.

예전에도 '쉽게 접근하는' 수학책들이 있었습니다. 하지만 어린이 대상 수학책이나, 쉽게 쓰인 대중 수학책들의 대부분은 수학의 일부 개념만을 이용한 생활 속의 사례를 다루거나, 응용 수학의 관점에서 쓰여 조금 어려웠습니다. 책은 인간과 수의 관계부터 시작해서 다양한 이야기로 수학 교과 내용의 전체를 다루었습니다. 문제가 안 풀린다고 멈추고 포기하는 수학 교재들과 다르게 흐름을 이어가며 읽고, 살아가면서 문득 '아! 이럴 때는 그 이야기'하며 떠올릴 수 있게 했습니다. 읽다가 중간에 어려운 부분이 나오더라도 반복해서 읽다 보면 이해가 될 수 있도록 하였습니다. 이런 목표들을 이루기 위해 다음과 같은 특징들을 가지고 책을 썼습니다.

첫째, 수학 공부가 어렵다는 사람들의 눈높이로 접근했습니다. 수학 대중서, 생활 수학책들이 주로 수학을 어느 정도 아는 사람의 관점에서 쓰였다면, 이 책은 수학을 잘 모르지만 알고 싶은 사람들이 수학의 흥미를 느끼도록 썼습니다. 예를 들어, 수학의 벽을 느끼기 쉬운 음수의 곱셈, 무한 등에 나타나는 수학의 '약속'의 의미를 이해할 수 있습니다.

둘째, 수학의 역사에 바탕을 두고 목차를 구성해서 다양한 수학의 뼈대를 만드는 과정을 이해할 수 있습니다. 고대 바빌로니아와 이집트에서부터 현대에 이르기까지, 수학이 자연을 이해하고 분석하고 문명을 일구어내는 과정을 살펴보고 있습니다.

셋째, 수학이 만들어가는 세상의 이야기를 다양하게 담았습니다. 예를 들어, 미분방정식이 행성의 운동을 이해하는 과정에서 나온 결과라는 점과 왜 미적분학이 중요하고 그것이 현대의 어느 분야에서 활용되는지를 살펴보았습니다.

넷째, 500개가 넘는 수학 용어와 기호 중에서 많이 쓰이면서도 혼동이 심한 용어들을 이해하기 쉽게 설명하였습니다. 영어 표현, 한자어로 된 개념어, 북한의 수학 용어 등을 비교하며 용어에 조금 더 친숙하게 다가갈 수 있게 했습니다.

다섯째, 그래프와 그림을 활용하여 이해를 도왔습니다. 자주 활용되는 그래프의 의미와 어떤 그래프가 어떤 상황에 적합한지 구체적인 사례와 연관 지어 설명했습니다.

책을 통해 수학의 숲을 바라보기를 바랍니다. 숲을 이루는 나무는 작은 조각이 전체와 비슷한 '프랙털' 구조를 가집니다. 큰 가지가 뻗은 모양이 작은 가지에도 반복되기 때문이죠. 숲은 이런 나무의 모임으로 이루어집니다. 수학의 여러 분야가 이야기로 연결되고, 전체 모양을 볼 수 있다면 수학의 숲을 볼 수 있습니다. 숲을 본다면 수학의 각 분야를 볼 때 조금 더 친숙하고 쉽게 다가갈 수 있습니다. 많은 나무로 이어진 숲을 보고 나면, 나무와 큰 가지 그리고 작은 가지로 연결된 수학이 쉽고 재미있게 느껴질 수 있습니다.

이 책이 초등학교 선생님, 청소년 학부모님들에게 도움이 되기를 바랍니다. 특히 자기 공부를 하고 싶은 청소년들에게 수학이라는 언덕을 넘어가는 지팡이가 되었으면 하는 바람을 가집니다. 책을 내기까지 많은 분의 도움을 받았습니다. 수학자들을 찾아 대화를 나누기도 했지만, 훌륭한 수학 교양서를 쓴 작가들의 도움이 컸습니다. 수학을 '못'한다고 생각한 사람들을 만나 책의 내용이 얼마만큼 이해될 수 있는지 살펴보았습니다. 그분들 중에는 원고를 읽고 좋은 의견을 주신 분들이 있습니다. 덕분에 놓치기 쉬운 설명을 더하고 조금 더 쉽게 접근하는 방법을 찾아갈 수 있었습니다. 감사한 마음을 전합니다.

박옥균

| 차례 |

1. 수와 기하의 탄생

수 감각과 수 세기는 다르다

생명체는 수를 셀 수 있는 능력을 갖추고 태어날까요, 아니면 배워서 알게 될까요? 《수학하는 뇌》라는 책에서는 신경과학 연구를 통해 답을 제시하고 있습니다. 책에 따르면 갓난아기도 수를 구별하는 능력이 있고, 나이가 들수록 수의 크기를 식별하는 능력이 더 정확해진다고 이야기합니다. 인간뿐만 아니라 모든 동물은 일정한 수를 구별하는 능력을 가지고 태어납니다. 언제부터 동물들이 수를 셀 수 있는 유전자를 가지게 되었는지는 확실하지는 않지만, 생존하는 동물들은 모두 하나, 둘, 셋 같은 수 세기를 알고 있습니다. 수를 알지 못하는 동물들은 위험을 알기 힘들어서 도태되었을 가능성이 큽니다. 사자가 하이에나 한 마리와 열 마리를 구별하지 못한다면 도망가야 할지, 싸워야 할지 판단하기 힘들다는 점에서 수를 아는 동물들이 살아남을 수 있는 이유를 알 수 있습니다.

여왕벌은 벌집의 방마다 알을 낳는데, 알이 깨어났을 때 먹을 수 있게 나비 애벌레를 넣어줍니다. 어떤 말벌은 다섯 마리씩, 다른 말벌은 열두 마리씩 넣는데, 그 수가 일정합니다. 수 감각이 있다는 이야기입니다. 하지만 대부분 동물은 3 또는 5 이상은 세지 못한다고 합니다. 수의 많고 적음을 아는 수 감각은 있지만 '하나, 둘, 셋, 넷…'처럼 하나씩 세어가는 '수 세기'는 못한다는 이야기입니다. 동물 중에서 가장 지능이 뛰어난 인류도 직관적으로 바로 셀 수 있는 수가 5개 정도입니다. 9개가 있다면, 하나씩 세어야 합니다. 석기 시대의 원시 부족 중에는 수를 표현하는 방법이 '하나, 둘, 많다'로 구별하는 사례도 있습니다. 고대 로마 문명에서 사용한 언어인 라틴어에서 3을 표현하는 tres(트레스)는 '넘어서'라는 뜻이 있습니다.

동물 가운데 인간은 가장 뛰어난 수 감각이 있지만, 태어났을 때 수 세기는 완전하지 않습니다. 아이들이 좋아하는 과자의 수를 다르게 해서 여러 바구니에 담은 후 선택하는 실험을 했습니다. 이때 2~3세의 아이들은 과자 2개의 바구니와 3개의 바구니에서는 3개가 든 바구니를 고르지만, 4개와 6개의 과자 바구니를 놓고는 더 많은 6개 바구니를 꼭 선택하지는 않습니다. 큰 단위 수에 약해 큰 수일수록 차이를 잘 알지 못하기 때문입니다. 한 연구에 따르면 수학을 배우기 전의 영유아들은 큰 수일수록 크기의 차이, 즉 1과 3의 차이보다 100과 1000의 차이를 잘 구별하지 못합니다. 큰 수를 정확히 알기 위해서는 학습의 과정을 거쳐야 한다는 이야기입니다.

조금 다른 이야기지만 수 자체는 뇌가 잘 기억하지 못합니다. 사람이 나이가 들수록 다른 기억에 비해 수를 기억하는 양이 급격하게 줄어드는 이유입니다. 수리 능력과 언어 능력은 뇌에서 독립적으로 작동합니다. 사람에 따라서 언어 능력이 부족하지만, 수학을 잘하는 사람이 있고, 반대의 경우가 있습니다. 언어 능력은 있지만 수리 능력이 부족한 사람은 어떻게 해야 할까요? 언어 능력은 주로 이야기로 기억력과 사고력을 높일 수 있습니다. 수학 능력이 부족하게 태어난 사람도 이야기를 이용해 수학을 공부한다면 어느 정도 수준까지는 수학을 잘할 수 있습니다. '계산 장애' 어린이도 뇌 훈련을 통해 수학 학습 장애를 치료한 사례가 많이 있습니다. 뇌의 배열이 남과 달라 난산증을 가진 이들도 탁월한 언어 능력이나 창의적인 사고력을 보이기도 한다고 합니다. 이미 가지고 있는 '언어 능력'은 부족한 '수학 능력'을 키울 수 있는 시작점이 될 수 있습니다.

남녀 간의 수학 능력 차이가 있다고 생각하는 사람들이 많은데, 연구나 실제 통계를 보면 이는 사실과 다릅니다. 놀이 문화나 성장 과정에서 이루어지는 학습의 차이로부터 나오는 일부 현상을 확대해석한 것으로 보입니다. 2006년 캐나다 브리티시컬럼비아대학의 연구진들은 여성들을 모집하여 수학 문제를 풀게 했는데, 절반에게는 '여성이 유전적으로 남성보다 수학적 재능이 원래 낮다'라고 설명하고 다른 절반에게는 '수학적 재능에서 성별의 차이는 전혀 없다'라고 설명했습니다. 결과는 두 번째 집단의 성적이 확실히 좋게 나왔습니다. 선입견 혹은 편견이 학습의 동기와 자신감을 약화한다는 증거입니다.

손가락의 모양이 수가 되었다

수 감각은 타고나지만 수 세기는 배워야 한다고 이야기했습니다. 수학이 없었던 고대에 가장 쉬운 수 세기 방법은 무엇이었을까요? 도구를 활용할 줄 아는 인류의 능력은 수를 세는 데 적합한 크기의 돌을 이용하거나 신체를 이용하는 방법을 발달시켰습니다. 시간과 장소에 상관없이 수를 세는 가장 좋은 방법은 항상 함께 하는 몸의 일부를 이용하는 것이고, 역사에서 가장 오래된 수 세기의 방법은 손을 이용하며 발달했습니다.

그런데 몇몇 사람이라면 손을 이용해 숫자를 세어서 물물교환이나 상품을 사고파는 것이 가능했겠지만, 여러 사람이 동시에 거래하거나 먼 거리의 사람과 거래하려면 다른 방법이 필요합니다. 문자가 발명된 이유입니다. 숫자는 가장 먼저 만들어진 문자입니다. 바빌로니아 지역에서는 쐐기 모양의 숫자 표기를 사용하기도 했지만 가장 많이 사용하고 발달한 숫자 표기는 손가락 모양을 바탕으로 발전했습니다. 손가락을 하나 둘 셋하고 펼쳤을 때의 모양을 딴 것에서 연결선을 붙이면 그

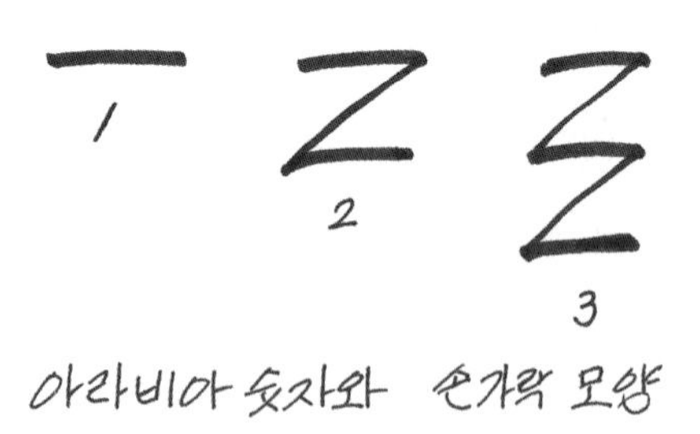

아라비아 숫자와 손가락 모양

림에서처럼 아라비아 숫자 1, 2, 3의 모양과 비슷해집니다. 한자에서 사용하는 숫자 표현도 다음 그림과 같이 손 모양을 따라 표기를 만들어 사용했습니다. 숫자 일(一), 사(四), 구(九), 십(十) 등이 손가락 모양과 유사함을 알 수 있습니다. 한자가 상형(모양을 따서 만든) 글자라는 것을 숫자에서도 확인할 수 있습니다.

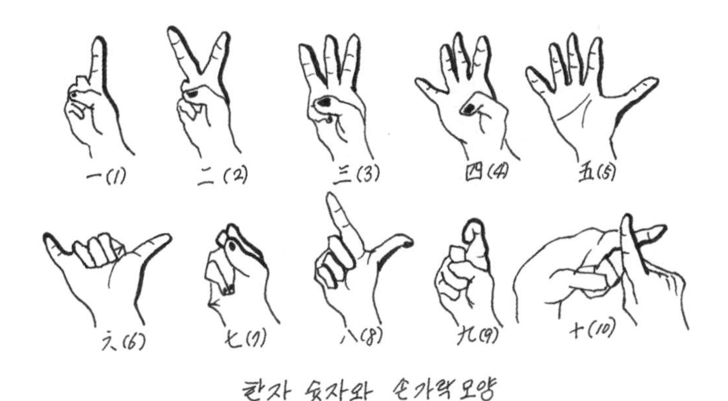

한자 숫자와 손가락 모양

고대 로마가 지배하던 지역들(지금의 유럽을 포함)에서는 손을 이용해 곱셈을 했습니다. 프랑스 중부(오베르뉴)의 농부는 5보다 큰 수의 곱셈을 손가락만을 이용해서 쉽게 계산한 기록이 있고, 지금도 사용하는 관습이 남아 있다고 합니다. 9×8을 하고 싶다면, 왼손에서 4개의 손가락을 구부리고는(9는 5보다 4가 많으므로), 오른손에서 3개의 손가락을 구부립니다(8은 5보다 3이 많으므로), 그러면 구부린 손가락의 합이 결과의 10자리에 해당하는 수가 되고(4 더하기 3은 7), 펼쳐진 손가락의 곱이 1의 자릿수가 됩니다(1 곱하기 2는 2). 이 과정을 오늘날의 수식으로 풀어보면 9×8=(10-1)×(10-2)=10×10-10×1-10×2+2=10×(10-1-2)+2=10×[(5-1)+(5-2)]+2=10×(4+3)+1×2과 같이 되어, 올바른 풀이 과정을 이용한다는 것을 알 수 있습니다. 우리나라의 '주먹구구'도 같은 방식으로 곱셈했습니다. 프랑스 농부와 다른 점은 손가락을 접느냐 펴느냐 중에서 무엇을 먼저 하느냐는 점입니다. 우리나라는 1~5까지는 손가락을 접고 5가 넘으면 손가락을 폅니다. 펼쳐진 손가락을 더해서 10자리의 수로 쓰고, 구부린 손가락을 곱해서 1의 자릿값으로 쓰면 됩니다. 이렇게 곱하고 더한 결과는 어떻게 표기했을까요? 더하기, 곱셈 등의 기호는 근대에 와서 만들어졌기 때문에, 언어를 약어 형태로 해서 썼습니다. 고대 지중해 지역에서는 더하기를 라틴어 'et(에트)'로 표현했습니다.

그런데 손가락을 이용해 수를 셀 때 문제점은 10 이상을 세기 힘들다는 점입니다. 발가락까지 이용한다 해도 20을 넘기 힘듭니다. 그래서 대부분 나라는 10 또는 20까지는 수를 부르고 쓰는 문자 표현이 있었지만, 그 이상은 두 가지 이상의 숫자 표현을 합성해서 사용했습니다. 동양에서는 10까지는 다른 숫자 표현을 사용했지만, 10보다 큰 수는 십(十)에 일의 자리의 숫자를 묶어 표현했습니다. 예를 들어 15는 십(十)에 오(五)를 묶어서 십오(十五)라고 표기했습니다. 아라비아 숫자를 사용하는 영어권에서도 영어 표현은 20까지는 다른 단어(one~nineteen)로 표현하고 20 이후는 합성하여 사용합니다. 숫자에서 묶음으로 자주 사용하는 10과 마찬가지로 큰 수 중에서 중요한 수 100, 1000은 표현을 별도로 두었습니다.

문명마다 다른 숫자 표현이 있었는데, 현대는 왜 아라비아 숫자를 모두 사용하고 있을까요? 요즘은 중동이라고 주로 말하는 아라비아반도는 이라크 지역에 있는 티크리스-유프라테스강을 중심으로 고대 문명을 발전시킨 지역입니다. 인도 문명과 지중해 문명을 연결하는 지역이었습니다. 주로 인도에서 발전한 숫자 표기를 아라비아 사람들이 지중해에 전파해서 사용했기 때문에 아라비아 숫자라는 이름으로 알려졌습니다. 중국과의 교역로인 실크로드(비단길)를 만들고 발전시킨 상인도 아라비아 지역에 살던 사람들입니다. 이들은 낙타를 이용하고 집단으로 사막을 건너 비단을 로마와 다양한 지역에 팔아 큰 수익을 남겼습니다. 결국 이들을 통해 아라비아 숫자가 유럽으로 확산하였고, 유럽이 근대문명의 주도권을 가진 이후 지금은 세계에서 사용하고 있습니다. 현대는 숫자를 주로 종이에 표시하여 사용하지만, 종이가 없던 시절에는 어떻게 했을까요? 3만~4만 년 전에는 원숭이의 다리뼈에 홈을 파서 숫자를 표시했고, 물건을 거래할 때 흙을 구어 만든 점토판에 숫자를 표시해서 사용했습니다.

진법은 묶음 세기다

일상생활에서는 수를 하나, 둘, 셋처럼 하나씩 세지 않을 때가 많습니다. 시장에 가도 채소나 고기를 한 개씩 파는 경우는 드뭅니다. (사과) 한 관, (오징어) 한 축, (시금치) 한 단 등 다양한 방식으로 묶어 팝니다. 고대 마야인들은 20개씩 묶음 처리를 사용했습니다. 현대의 컴퓨터는

0과 1이라는 두 가지를 기준으로 묶음 처리하고, 유전자는 32를 쌍으로 된 64를 기준으로 다룹니다. 일상에서 사용하는 시간은 60을 묶음으로 처리합니다. 원을 한 바퀴 도는 각은 360°입니다. 이는 1년을 360일로 생각한 메소포타미아 문명에서 유래했습니다. 이렇게 묶음을 세는 방법을 진법이라고 합니다.

진법(進法)은 나아가는 방법이라는 뜻으로, 《손자병법》 같은 병법서에서 표현을 찾을 수 있습니다. 영어로는 notation(노테이션)이라고 하는데 '표기법(表記法)'을 뜻합니다. '표기법'으로 번역했다면 진법보다는 더 쉬울 수 있는데, 번역자는 표기법은 다른 경우에도 사용하기 때문에 구분하기 쉽지 않을 듯해서 다른 표현을 찾은 것 같습니다. 병법서의 진법은 병사들의 묶음을 이용한 병력 배치를 뜻합니다. 고대 로마는 백인대, 천인대, 만인대 순으로 두었는데, 백인대만 본다면 100명의 병사마다 우두머리인 '백부장'을 두어 다양한 전술을 구사했습니다. 현재 우리에게 가장 익숙한 진법은 '10진법'입니다. 너무 익숙해져 다른 진법은 없는 듯이 느낍니다. 손가락이 10개라서 10을 가장 많이 쓰게 되었을 것입니다. 손가락을 이용한 진법 중에는 십진법만 있는 것은 아닙니다. 한 손에 주로 무기를 드는 부족은 5진법, 발가락까지 사용하는 부족은 20진법이 발달했습니다. 한편 오스트레일리아와 아프리카의 몇몇 원시 부족에는 5·10·20진법이 없습니다. 이 부족들은 아직 손가락으로 세는 단계에 이르지 못했기 때문에 둘씩 짝을 지어 수를 셉니다. 핀이 7개로 이루어진 줄에 3개의 쌍과 외떨어진 한 개의 핀이 있다고 합시다. 이때 한 쌍이 없어져도 거의 알지 못하지만, 하나가 없어진다면 당장 알아챘다고 합니다. 짝이냐 아니냐를 중요하게 생각하기 때문으로 보입니다.

진법을 표기할 때 가장 혼동하기 쉬운 점은 자릿수입니다. 일상생활에서는 파를 10개를 묶어 팔 때 "한 단 주세요, 두 단 주세요"라고 말합니다. 그런데 한 단보다 조금 더 많이 즉, 1단 3개를 사고 싶다면 어떻게 해야할까요? "열 세개 주세요" 합니다. 수로 표현한다면 13입니다. 13에는 열(10)이 하나(1)이고, 3은 하나씩 셀 때의 수가 3개라는 뜻이 있습니다. 묶음수가 생길 때마다 자릿수가 올라갑니다. 당연히 1의 자리에는 묶음이 되지 못하는 수, 10개 묶음 파의 경우에는 0부터 9까지의 숫자만 표현됩니다. 2진법도 마찬가지입니다. 일의 자리(맨 뒤)에는 0, 1이 오고 2개 묶음이 되면 10의 자리에 1을 표기하게 됩니다. 2개 묶음이 2개, 즉 4개가 된다면 십의 자리가 2개가 되므로 백의 자리에 1을 표시합니다. 파가 15개를 사려면, 한 단과 5개를 사야 해서 15는 직관적으로 한 묶음과 낱개를 나타내는 것을 잘 표현하고 있습니다.

진법은 문명에 다양하게 나타난다

10진법 외에도 고대에는 다양한 진법들이 발달하여 문명의 발전을 이끌어 현대까지 전해지고 있습니다. 인간의 수명이나 달의 주기 등 자연환경의 영향을 받았습니다. 12진법을 사용한 이유에는 달의 주기가 태양 못지않게 농사에 큰 영향을 주었기 때문입니다. 한 해 동안 달의 모습은 약 29일을 주기로 열두 번 반복됩니다. 그래서 한 해 달력은 12개의 달로 구성되어 있고 여기에 착안해 하루 또한 12시간 기준으로 나눠 24시간을 사용했습니다. 동양권에서 이 원리를 그대로 적용해 하루를 12등분 해 사용했습니다. 저녁 11시부터 새벽 1시까지를 자시(子時)로 하여 축시, 인시, 묘시, 진시, 사시, 오시, 미시, 신시, 유시, 술시, 해시로 2시간 단위를 한 단위로 묶어 사용했습니다.

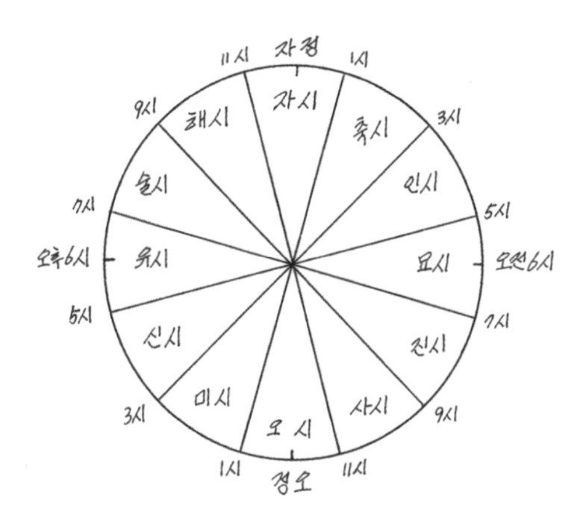

하루를 2시간 단위로 나누는 한자 문화권의 시간 기준은 현대와는 다릅니다. 현대의 시간 표현에는 60진법이 들어있습니다. 60진법에는 약수(나누는 수) 활용이라는 의미가 있습니다. 10은 2나 5로 나누어지지만 3으로 나누어지지 않습니다. 10진법으로 한다면 약속을 잡을 때 '한 시간의 3분의 1' 같은 경우는 뜻을 알기 어렵습니다. 그런데 1시간을 60으로 표현한다면 2, 3, 4, 5로 모두 나누어지므로 쪼개어 이야기하기 편리합니다. 하루를 10시간을 기준으로 한 10진법으로 "5.5시에 만나" 라고 했을 때, 현대로는 몇 시가 될까요? 10시 대신에 24시간을 기준으로 하면, 5시는 12시에 해당합니다. 0.5시는 1.2시간으로 지금 기준으로는 1시간 12분에 해당합니다. 그래서 약속 시간은 오후 1시 12분으로 표현할 수 있습니다. 이렇게 60진법을 사용하면 분 단위까지 정확하게 전달할 수 있습니다. 처음 아이들에게 시간을 가르쳐줄 때, 분 표시가 60진법에 맞게 표기된 시계에는 약속의 의미가 있다고 이야기하면 도움이 됩니다.

60진법은 시간을 잴 때는 물론이고 각도를 잴 때, 지리적 좌표를 측정할 때도 많이 사용합니다. 고대 한국과 중국에서는 인간의 생명을 60세를 기준으로 잡았습니다. 요즘 이야기하는 100세는 과거에는 전설에나 나오는 이야기입니다. 만 60세가 되는 시기를 환갑(還甲)이라고 하는데, 환갑은 '갑'이 돌아온다는 뜻이 있습니다. 숫자 60을 만드는 방법은 여러 가지인데 동양 문화권에서는 우주 기운의 주기를 뜻하는 십이지(十二支)에 우주 만물을 뜻하는 십간(十干)을 함께 엮어서 만들었습니다.

간(干)은 뜻이 여럿 있지만, 중국 고대 상(商)나라 사람들은 천계에 열 가지 태양이 있고, 이 태양이 하루에 하나씩 차례대로 뜨고 져서 총 10일 주기를 이룬다고 믿었습니다. 그래서 천간은 이 태양들에 붙였던 이름에서 출발했다고 합니다. 10간은 갑(甲), 을(乙), 병(丙), 정(丁), 무(戊), 기(己), 경(庚), 신(辛), 임(壬), 계(癸)입니다. 이 중 갑이 십간의 시작입니다. 서양에 탄생석이 있다면 동양에는 태어난 해의 동물이 있습니다. 그래서 나이를 이야기할 때 동물의 이름과 '띠'를 붙여 이야기합니다. 십이지는 각각 열두 가지 띠에 해당합니다. 십이지는 자(子: 쥐), 축(丑: 소), 인(寅: 호랑이), 묘(卯: 토끼), 진(辰: 용), 사(巳: 뱀), 오(午: 말), 미(未: 양), 신(申: 원숭이), 유(酉: 닭), 술(戌: 개), 해(亥: 돼지)입니다. 그래서 12년마다 같은 띠가 반복합니다. 십간과 십이지를 함께 쓰면 60년마다 똑같은 해가 반복되는데, '갑자, 을축…'처럼 두 가지가 각자 하나씩 뒤로 넘어가는 식으로 진행됩니다. 두 수를 결합한 반복 주기가 60이 되는 비밀은 최소공배수의 원리에 있습니다.

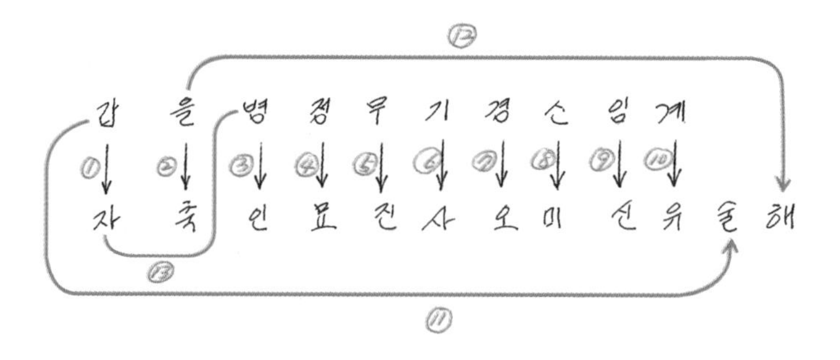

배수(倍數)는 배가 되는 수를 말합니다. 어떤 수에 1, 2, 3을 곱한 값들을 말합니다. 약수(約數)는 어떤 수를 나눌 수 있는 수를 말합니다. 최소공배수는 두 수의 배수 중에서 처음 같은 값이 되는 수입니다. 최대공약수는 두 수의 약수 중에서 가장 큰 값입니다. 그런데 최소공배수, 최대공약수 표현은 최소와 최대가 앞에 붙어 작은 값, 큰 값이라 오해를 일으킬 수 있습니다. '공배최소수', '공약최대수'로 하면 뜻에 더 어울리지 않을까 싶습니다. 이제 10과 12의 최소공배수를 구해볼까요?

10 20 30 40 50 60 120 240

12 24 36 48 60 72

앞의 예에서처럼 60이 최소공배수가 되어 십간과 십이지를 묶으면 60간지가 된다는 것을 알 수 있습니다. 그런데 십이지와 최소공배수가 60이 되는 간은 십(十)간 뿐만 아니라 오(五)간이나 이십(二十)간도 가능합니다. 그런데 왜 십간을 택했을까요? 동양에서 10이 완성을 뜻하고 우주를 표현할 때 사용해왔기 때문일 것이라 추측됩니다.

60간지에 따라 매년 '○○년' 같은 표현을 사용하지만, 새해가 될 때마다 어떤 해인지 알기가 쉽지 않습니다. 현재의 해를 60으로 나누어 나머지를 순서대로 세면 될 듯하지만, 아쉽게도 중국에서 60갑자를 만들어 사용하기 시작한 해는 기원전 957년입니다. 현대는 서양식 달력을 기준으로 하는데, 예수 탄생 해를 기준으로 0년을 잡기 때문에(실제 탄생 시기는 몇 년의 차이가 있다는 이야기도 있습니다) 기준이 되는 해가 다른 것입니다. 동양의 60간지의 시작인 갑자년을 0년 이후로 찾으면 AD(기원후) 4년입니다. 4년, 64년, 124년이 갑자년이 됩니다. 2023년은 무슨 해일까요? 먼저 갑자년을 찾아봐야 하겠지요. 60의 배수이면서 4를 더했을 때 2023년보다 작은 해를 찾아보면 되겠지요. 60의 배수 중에서 2023보다 작은 해는 1980년이고, 여기에 4를 더한 1984년이 갑자년이 됩니다. 2023년은 1984년에서 39번째 뒤의 해입니다. 그러면 갑자년부터 39번째 뒤, 갑자년을 포함해 센다면 40번째 60갑자를 찾으면 됩니다. 계묘년임을 알 수 있습니다. 2024년은 무슨 해일까요? 계의 다음인 갑, 묘의 다음인 진을 결합해서 갑진년(甲辰年)이 됩니다.

십간과 십이지에 있는 두 수 10과 12의 최대공약수는 얼마일까요? 2입니다. 10의 약수가 1, 2, 5이고 12의 약수가 1, 2, 3, 4, 6이기 때문에 공통의 약수 중에서 최대공약수는 2입니다. 두 수에는 모두 2의 의미가 담겨 있습니다. 2는 짝수로, 짝수는 동양에서는 안정된 상태, 즉 변화가 이루어지지 않는 상태라는 뜻이 담겨 있습니다.

컴퓨터는 2진법일 수밖에 없다

수학자이자 물리학자로 미분방정식을 만든 사람 중 한 명인 라이프니츠(Gottfried Wilhelm Leibniz, 고트프리트 빌헬름 라이프니츠, 1646~1716)는 1이 신(God)을, 0이 무(無, 없음)를 나타낸다며 2진법을 열렬히 옹호했습니다. 컴퓨터는 2진법을 사용합니다. 디지털(ditital)의 'digit(디지트)'는 손가락이라는 뜻이 있습니다. 손가락으로 수를 세듯, 디지털은 수와 연결하여 센다는 의미가 있습니다. 디지털을 처리하는 기계인 컴퓨터가 10진법이 아닌 2진법을 선택한 것은 이유가 있습니다. 전기 신호가 있는 경우(1)과 없는 경우(0)가 가장 기본이 되는 상태이기 때문입니다. 0과 1이 아닌 상태도 처리할 수 있는 양자 컴퓨터가 개발되기 전까지는 2진법이 그대로 사용될 것입니다.

컴퓨터의 진법이 그렇게 중요하냐고 할 수 있지만, 0과 1이라는 단순한 조합을 이용해 다양한 데이터를 다루는 기능을 생각하면 놀라운 일입니다. 컴퓨터가 2진법의 수로 언어 등의 복잡한 데이터를 처리하는 방법은 일종의 '짝맞춤'입니다. 특정한 값(기호)을 디지털 신호가 표시하는 값에 연결합니다. 예를 들어, 영어 A는 65번째 값에 짝을 맞춥니다. 65를 2진법 코드로 표현하면 1000001입니다. 일곱 번째 자리에 값이 1이고 첫 번째 값이 1입니다. 컴퓨터 하드디스크에 저장할 때는 문자 A는 65번째이고 이를 2진법으로 바꾸어 하드디스크에 저장합니다. 간단하게 표현하면 A→65→1000001이고, 데이터를 읽을 때는 반대 방향으로 진행한다고 생각하면 됩니다. 이렇게 한다면 한글을 비롯한 모든 문자도 숫자로 저장하고 이용할 수 있게 됩니다. 그림이나 동영상도 색, 밝기 등에 맞는 값과 위치값을 이용해 컴퓨터에 저장하고 이용합니다. 2진법은 수로 바꿀 수 있고, 수는 데이터에 연결되어 우리가 쓰는 컴퓨터의 모든 기능을 할 수 있다고 정리할 수 있습니다.

2진법으로 표현된 수를 10진법으로 바꿀 때 앞에서 이야기한 자릿수라는 개념을 이해하면 도움이 됩니다. 2진법으로 표기된 '1000001'은 10진법으로 어떤 값일까요? 먼저 10진법으로 표현된 수에는 자릿수가 들어 있다는 것을 생각해보아야 합니다. 예를 들어 12345라는 숫자를 보면 그림처럼 1이 10000의 자리, 2가 1000의 자리, 3이 100의 자리, 4가 10의 자리, 5가 1의 자리에 해당합니다. 거듭제곱 형식으로 12345를 표현하면, $1\times10^4+2\times10^3+3\times10^2+4\times10^1+5\times1$이 됩니다. 제곱은 '한 수를 두 번 곱한 것'을 뜻하는데, 거듭제곱은 같은 수를 두 번 이상 곱한 것까지 포함하는 뜻이 있습니다. 2진법으로 표현된 1000001도 각 숫자가 2의 자릿값을 가지고 있어서, 2의 거듭제곱을 이용해 풀 수 있습니다. 이진수 1000001은 $1\times2^6+0\times2^5+0\times2^4+0\times2^3+0\times2^2+0\times2^1+1\times1$과 같습니다. 십진수로는 2^6자리와 1의 값만 자리가 있으니 2^6의 값인 64에 1을 더한 65가 됩니다.

1	2	3	4	5
10^4	10^3	10^2	10^1	10^0
‖	‖	‖	‖	‖
10000	1000	100	10	1

1	0	0	0	0	0	1
2^6	2^5	2^4	2^3	2^2	2^1	2^0
‖	‖	‖	‖	‖	‖	‖
64	32	16	8	4	2	1

이렇게 모든 자연수는 2진법으로 표현할 수 있습니다. (2의 0승이나 10의 0승 값이 1인 것은 76쪽을 참고하세요.) 10진법으로 표현할 때보다는 길이가 길어집니다. 예를 들어 17을 2진법으로 표현하면 10001이 되는데, 17을 2로 계속 나누면 나머지 1이 나오고 2의 5승 자리에도 나머지 1을 가지게 되기 때문입니다. 조금 다른 이야기로 10진법이 아닌 2진법을 기준으로 했다면 세상은 지금과 많이 달라졌을 겁니다. 연봉협상에서는 액수가 아닌 자릿수를 따져서 "올해 7자리냐 8자리냐, 그것이 문제"라고 할 것입니다. 7자리와 8자리의 차이는 우리가 아는 금액으로는 1~2배의 차이가 날 뿐이죠.

기하는 땅 나누기로 시작했다

수가 생활에 필수적이었듯이 기하도 생활의 필요로 발달했습니다. 기하학(幾何學)의 영어 표현인 Geometry(지오메트리)는 땅을 뜻하는 geo(지오)와 측량을 뜻하는 metry(메트리)를 결합한 단어입니다. 기하학이라고 할 때 가장 간단한 정의는 '도형 및 공간의 성질을 연구하는 학문'입니다. 어원과 한자의 뜻이 달라 보입니다. 왜 그렇게 된 것일까요? Geometry(지오메트리)를 중국어로 비슷한 발음인 '지허'에 해당하는 한자를 찾아 표기했는데, 그 표기 그대로 우리에게 전해졌기 때문입니다. 기하가 고대부터 발달한 이유는 무엇일까요? 근대 이전까지는 농업이 모든 생활의 중심이었습니다. 왕은 땅을 자신의 권력을 유지하는 수단으로 삼았습니다. 전쟁에서 승리해 빼앗거나, 역적 등 죄를 지은 자의 땅을 몰수한 후 신하들에게 나누어 주었습니다. 기하는 왕에게는 꼭 필요한 도구이자 수단이었기에 고대부터 발달하였습니다.

서쪽으로는 그리스, 동쪽으로는 인도, 북쪽으로는 도나우강까지 영토를 넓힌 알렉산더 대왕에게 남은 일은 부하들에게 땅을 나누어주는 것이었습니다. 알렉산더와 부하들은 그곳들에 알렉산드리아라는 도시를 만들고 헬레니즘 문화를 번성시켰습니다. 알렉산더 대왕뿐만 아니라 동서양의 모든 왕들은 측량과 관련된 일을 담당하는 전문가를 두어 기하학을 발전시켰습니다. 기록으로 남은 가장 오래된 기하학은 이집트 나일강 주변과 현재 이라크 지역에 해당하는 바빌로니아에서 시작되었습니다. 토지를 측량하고 왕의 무덤이나 집 등의 건축물을 세우기 위해서는 도형의 성질을 알 필요가 있었습니다. 실제로 기원전 2,000년 경 파라오가 백성들에게 땅을 나누어주라고 명령을 내린 기록이 있습니다. 이집트에서는 그 일을 하는 사람을 '줄을 당기는 사람'이라고 했는데, 그들은 막대기를 사각형의 꼭짓점에 꽂은 다음 각 꼭짓점을 밧줄로 연결한 후, 그 줄을 따라 경계선을 그려 땅을 나누었습니다. 여러 형태의 직사각형 중 최소의 둘레로 최대의 넓이를 보장하는 사각형은 정사각형입니다. 각각의 변이 90와 10인 직사각형과 한 변이 50인 정사각형은 둘레의 길이는 같지만 면적이 900, 2500으로 정사각형이 면적이 훨씬 큰 것을 확인할 수 있습니다. 다른 표현으로 같은 면적이라면 둘레가 가장 짧은 사각형은 정사각형입니다. 이집트의 농부들은 당연히 정사각형으로 땅을 나누어주길 바랐을 겁니다. 그리스의 역사가인 헤로도토스(Herodotos)는 '이 일(이집트의 토지 측량)이 있은 후 기하학이 발명되었다고 나는 믿는다'는 글을 남겼습니다.

'줄을 당기는 사람들'은 직각삼각형의 특수한 성질을 이용해 토지를 측량하기도 했습니다. 밧줄을 열두 매듭으로 만들면 '각도기 없이도' 직각삼각형을 만들 수 있었습니다. 각각 첫 번째 매듭, 네 번째 매듭, 여덟 번째 매듭을 세 사람이 당기면 직각으로 선을 그을 수 있게 됩니다. 수평 방향뿐만 아니라 수직 방향으로도 적용이 가능해 건물을 세울 때 사용할 수 있었습니다. 열두 매듭을 이루는 간격은 각각 3, 4, 5입니다. 유명한 피타고라스의 정리에 나오는 가장 기본적인 직각삼각형의 길이 비와 일치합니다.

삼각형은 가장 튼튼한 도형이다

세 변의 길이가 결정된 삼각형은 하나만 만들 수 있습니다. 나무젓가락 같은 2개의 막대를 가지고 어떤 길이의 선분과 연결되도록 놓아보면 한 가지 모양만 나온다는 것을 쉽게 확인할 수 있습니다. 삼각형의 모양은 한 가지이기 때문에 어떤 방향으로 힘을 가해도 모양이 바뀌지 않습니다. 반면에 사각형는 여러 모양이 가능합니다. 직사각형은 누르면 평행사변형(마주 보는 두 변이 평행한 사각형)처럼 변하고, 정사각형은 누르면 마름모(네 변의 길이가 모두 같은 사각형)로 변형이 가능합니다. 그래서 견고한 구조를 만들 때 삼각형 모양을 자주 활용합니다. 자전거의 프레임이나 강을 건너는 다리에 삼각형 모양으로 뼈대를 구성하는 경우가 많습니다. 성산대교의 다리 밑을 보면 삼각형을 기반으로 한 구조를 보여주는 데 이런 구조를 트러스 구조(truss structure)라고 합니다.

삼각형 외에도 오각형, 원 모양 등은 자연에서 쉽게 발견할 수 있고 인류의 창조물에도 종종 발견할 수 있습니다. 영화 〈스파이더맨〉에 나오는 거미줄은 택시도 들어 올릴 정도로 튼튼하지만 실제로 그런 거미줄은 가능하지 않습니다. 거미줄이 버텨낼지도 의문이지만 들어올릴 힘이 엄청나야 하니까요. 거미줄은 탄성이 높아 거미줄의 특성을 이용한 섬유로 방탄복을 만들기도 합니다. 다만 거미줄은 여러 가닥이더라도 한 줄로 묶어 놓으면 약합니다. 거미가 곤충을 잡기 위해 펼친 거미줄은 삼각형과 오각형의 모양을 중심으로 방사형으로 구성합니다. 그곳에 갇힌 곤충들은 도망가려고 발버둥을 쳐도 좀처럼 거미줄이 끊어지지 않습니다. 아치형 다리에서 보듯이 원의 모양을 이룬 다리는 시멘트를 바르지 않아도 절대로 무너지지 않아 고대부터 다리를 만들 때 많이 사용했습니다. 삼각형만큼 원도 단단한 구조라는 것을 알 수 있습니다.

육각형은 경제적이다

각이 여섯 개인 도형인 육각형은 물이 증발해 바싹 마른 진흙땅의 모양이나 눈의 결정에서 발견할 수 있습니다. 처음 원이었던 비눗방울도 여러 개가 모이면, 육각형 형태로 바뀝니다. 비눗방울 하나만 있으면 원형으로 남아 있지만 여러 개가 같이 포개져 있으면 원과 원 사이에 틈새가 생기는데, 그 틈새를 메우는 힘이 작용하여 육각형으로 변합니다. 육각형은 쪽매맞춤(tessellation, 테셀레이션, 여러 개의 모양이 틈이 없이 딱 맞게 짜임)이 되면서 원에 가장 가까운 도형이라고 할 수 있습니다. 다각형 중에서 정삼각형, 정사각형, 정육각형만이 쪽매맞춤이 되는데, 그중 모서리 부분이 넓어 면적이 넓고 원에 가까운 것이 육각형입니다. 태양이나 달처럼 하나만 있을 때는 원이 가장 완전하지만, 벌집처럼 여러 개가 연합해 있을 때는 육각형이 가장 완전한 형태라고 할 수 있습니다.

용암이 식어서 굳는 과정에서 만들어지는 주상절리나 수정의 결정도 표면장력에 의해 육각형이 됩니다.

그런데 꿀을 먹고 밀랍을 분비하여 집을 짓는 벌들은 왜 육각형으로 지을까요? 둘레 길이가 같을 때 면적이 가장 넓은 도형은 원입니다. 조금 오래된 벌집을 관찰해보면 원형처럼 보입니다. 자세히 보면 모서리에 불순물이 끼어 원형으로 보입니다. 처음부터 원형으로 벌집의 방들을 짓는다면 사이의 틈새를 밀랍으로 다 메워야 하는데, 귀한 밀랍이 쓸데없이 많이 소요됩니다. 방의 면적은 좁아지며 벌집의 무게는 늘어나게 됩니다. 육각형으로 지으면 원으로 만들 때 소요되는 밀랍의 약 52%만 있으면 됩니다. 1억 년의 진화 과정에서 습득한 놀라운 본능입니다. 자연의 경제학에 따라 벌들은 벌 방을 육각형으로 짓는 것입니다.

삼각형으로 원의 면적을 재다

그리스의 기하학자들은 다양한 도형들의 모양이나 형태를 바탕으로 기본적인 도형들로 정리했습니다. 공통되는 모형을 뽑은 후에는 구성 성분을 생각해냈습니다. 도형을 구성하는 기본 재료는 점, 선, 면입니다. 기하학자들은 이들에 특수한 성격을 부여했습니다. 점은 크기가 없고, 선은 두께가 없고 면적은 길이와 폭만 있다고 '약속'합니다. 무슨 말일까요? 풍경을 그리는 장면을 생각해보세요. 바람을 표현하고 싶어요. 눈에 보이지 않는 바람을 표현하기 위해 어떤 사람은 몇 개의 선을 그려 넣습니다. 그림을 보는 사람은 '아, 바람이 있구나' 합니다. 도형에서 점, 선, 면도 마찬가지입니다. 점, 선, 면은 보이지 않는 것인데 보이게 하면서도 '실제로는 없는 것처럼' 제한을 두는 것이지요.

조금 수학적인 설명도 가능합니다. 점, 선, 면에 크기나 두께가 있으면 문제가 생길 수 있다는 논리입니다. 선분을 그린다고 해보세요. 만약 선분의 끝을 확대한다면 어떻게 될까요? 작은 부분을 점점 확대하는 영화의 장면처럼 점점 커지는 돋보기로 본다면, 선분의 끝점은 둥글 수도 있고 칼로 자른 듯 깔끔할 수도 있습니다. 이렇게 점의 크기를 인정한다면 점의 모양도 생각해야 합니다. 그러다 보면 선분도 명확하게 정의할 수 없게 됩니다. 선에 두께가 있다면 삼각형의 면적을 구할 때 선의 두께까지 포함해서 계산해야 하는 문제가 생깁니다. 수학에서 어떤 개념의 특징을 명확하게 하는 것을 '정의'라고 합니다. '정의'는 말 그대로 약속이기 때문에 증명하거나 누군가 나는 다르게 생각한다고 이야기를 할 수 없습니다. '정의'는 기하학뿐만 아니라 수학의 다양한 분야에서 나타납니다.

점, 선, 면의 정의에 이어서 고대 그리스 수학자들은 다양한 모양 속에서 공통된 모양을 뽑아내 대표 도형으로 정리했습니다. 지금도 쓰고 있는 삼각형, 사각형, 원 등입니다. 줄자와 컴퍼스를 이용해 도형을 그리고 면적을 계산했습니다. 문제는 원의 면적입니다. 계산할 방법이 없었습니다. 원둘레를 알기도 힘듭니다. 어떤 사람은 옷을 살 때 사람의 몸 둘레를 재듯 줄자를 이용하여 재면 되지 않느냐고 이야기할 수 있습니다. 원의 크기와 같은 원통을 만들어 둘레를 재는 방식으로요. 하지만 태양과 같이 큰 원은 그런 방법을 쓸 수 없습니다. 수학자들은 모든 경우에 사용할 수 있는 법칙을 밝히려고 합니다. 먼저 측정할 수 있는 값을 찾고, 원둘레와의 관계를 찾아보게 됩니다. 고대 수학자들은 원의 둘레가 지름(원이나 구의 중심을 지나서 그 둘레 위의 두 점을 직선으로 이은 선분)에 비례한다는 것을 발견합니다. 그 비렛값에 관해 고대 이집트인은 원의 둘레가 지름의 3.16배, 로마인은 3.12배라고 보았습니다. 여러 번 직접 재어 끌어낸 값일 것입니다. 하지만 정확한 증명을 통해 구한 값이 아니기 때문에 지금의 값과는 약간 차이가 납니다.

고대에도 배의 부피나 포도주 통의 부피 등 타원 모양의 부피를 구하는 방법이 있었습니다. 2,400여 년 전, 지금의 튀르키예 지역에서 태어난 수학자 에우독소스(Eudoxos, 기원전 4세기)는 실진법(悉盡法, method of exhaustion)을 만들었습니다. '소진', 즉 어떤 차이를 점점 제거하는 방법입니다. 구체적으로는 면적을 구하기 힘든 원통 같은 물체를 끝없이 쪼개서 사각형 모양으로 만들어 그 합을 통해 면적을 구하는 방법입니다. 아르키메데스(Archimedes, BC 287?~BC 212)도 이 실진법을 통해 원의 면적을 구합니다. 그는 원을 안에서 접하는 정다각형과 외부에서 접하는 정다각형의 면적을 구해서 그 사이의 값을 구하려고 했습니다. 정다각형의 면적은 어떻게 구할까요? 정다각형은 삼각형으로 나눌 수 있습니다. 8각형은 8개, 12각형은 12개의 삼각형으로 쪼갤 수 있습니다. 그 후 쪼갠 삼각형들을 서로 엇갈리게 붙입니다.

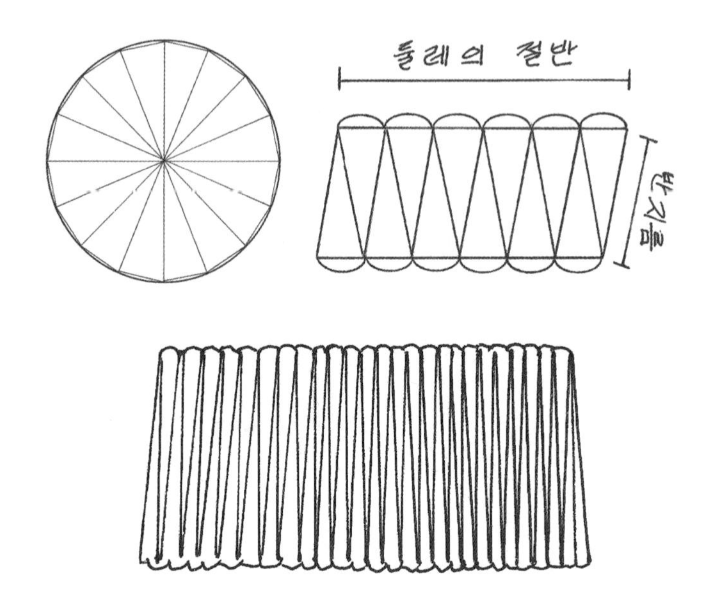

그러면 삼각형을 붙인 도형의 너비는 '둘레의 절반'에 해당하고 높이는 반지름에 가깝게 됩니다. 하지만 도형의 면적과 원의 면적은 차이가 납니다. 그 차이를 줄이기 위해 아르키메데스는 쪼개는 삼각형의 수(다각형의 각의 수)를 계속 늘려 갑니다. 원을 무한히 많은 삼각형으로 자르다 보면 그림 맨 마지막의 모양과 같이 됩니다. 원과 정다각형의 면적 차이는 각이 많아질수록 줄어듭니다.

다각형의 둘레는 각의 수가 무한히 커지게 되면, 원의 둘레와 '거의' 같다고 이야기할 수 있습니다. 삼각형을 이어 붙여 만든 사각형의 면적도 원의 면적과 같아집니다. 사각형의 면적은 가로와 세로의 곱이니, 둘레의 반 곱하기 반지름과 같습니다. 원의 둘레를 l, 반지름을 r이라고 하면 식은 $\frac{\text{원의 둘레}(l)}{2}$ ×반지름(r)이 됩니다. 아르키메데스는 원둘레와 지름의 비율을 그리스 문자인 π(파이)로 표현했습니다. '원주율' π를 식으로 표현하면 $\pi=\frac{(\text{원의 둘레})}{(\text{지름})}$가 됩니다. 여기서 지름은 반지름의 2배이므로 $2r$이 되어, 식은 $\pi=\frac{(\text{원의 둘레})}{(\text{지름})}=\frac{l}{2r}$이 됩니다. 양변에 $2r$을 곱하면 식은 원의 둘레(l)=$2\pi r$ 과 같이 됩니다.

이때 구한 l의 식을 면적을 구하는 식에 대입하면, 원의 면적은 πr^2이 되는 것을 알 수 있습니다. 아르키메데스는 12각형에서 시작해 96각형까지 진행했습니다. 기원전 225년에 아르키메데스가 실제로 구한 원주율을 계산 방법은 원에 내접(원의 안에서 접하는)하는 정96각형과 외접(원의 밖에서 접하는)하는 정96각형을 이용했습니다. 정12각형, 정24각형, 정48각형과 같이 변의 개수를 2배씩 계속 늘려서 정96각형을 그린 다음 그 둘레를 측정하면, 원의 지름이 1m일 때, 안쪽과 바깥쪽의 둘레는 각각 3.1408과 3.1428이 됩니다. 96각형까지 하는 과정에서 두 값 사이의 수인 3.1418이 원주율이라는 답을 얻었습니다. 지금 우리가 평소 사용하는 원주율 값 3.14과 소수점 두 자리까지 같습니다. π는 정확한 수로 떨어지지 않았습니다. 그래서 아르키메데스는 수라고 하지 않고 '크기'라고 구분하여 표현하였습니다.

아르키메데스 이후에도 π값을 구하기 위해서 이집트의 아메스(Ahmes), 인도의 아리아바타(Aryabhata, 476~550) 등이 연구했습니다. 고대 중국의 수학책인 《구장산술(九章算術)》에서도 원의 면적을 구하고 있습니다. 앞의 서양 수학자처럼 원에 내접하는 다각형을 삼각형부터 끝 없이 넓혀가면서 계산했습니다. 설명 없이 풀이만 모아두었는데,

3세기 중국의 수학자 유휘(劉徽)가 책에 해설을 넣어 후대의 이해를 도왔습니다. 삼각법 등의 계산을 이용해 유휘는 192각형까지 계산했습니다. 5세기 무렵 수중국 남북조시대 송나라의 수학자이자 과학자였던 조충지(祖沖之, 429~500)가 더 깊이 파고들어 3,072각형을 만들어냈는데, 이때 구한 원주율이 3.145926으로 소수점 이하 6자리까지 정확히 계산했습니다. 유럽보다 100년이나 앞선 것이었습니다. π의 값을 정확히 구하려는 노력은 현대까지 계속되었는데, 정확한 값을 알 수 없는 무리수로 인정하고 있습니다.

1874년 윌리엄 샹크스(William Shanks, 1812~1882)라는 수학자는 소수점 아래 707번째 소수를 구했는데, 처음 계산한 때부터 20년이 걸렸다고 합니다. 지금은 컴퓨터를 이용하기 때문에 어떤 수학자도 값을 구하는 데 연구하지 않겠지요. 컴퓨터를 활용하여 계산한 값의 자리는 2009년 조(10의 열세 제곱) 자리를 넘어섰습니다. 값은 반복되지 않는 수가 나열되어 있어 누군가의 생년월일 8자리 숫자를 2억 번째 자리 안에서 찾을 확률은 대략 86퍼센트이고, 생년의 앞의 두 자리를 뺀 여섯 자리 숫자를 찾을 확률은 100%라고 합니다. 어쨌든 π의 값은 인기가 있어서 일본에 π값으로 내용을 채운 《π - 円周率1000000桁表 π - 단주율백형표》라는 책이 있는데 꽤 많이 팔렸다고 합니다.

책 《π》 표지

π값은 원의 형태를 띤 다양한 곳에서 계산을 위해 사용할 수 있습니다. 평면 위의 두 점 사이에서 가장 짧은 거리는 직선입니다. 직선을 지름으로 하여 그린 반원을 따라 한 지점에서 다른 한 지점까지 달리고자 한다면 그 거리는 훨씬 멀어지는데, 딱 $\frac{\pi}{2}$만큼입니다. 지상에서 완만하게 흐르는 큰 강에서도 값을 찾을 수 있습니다. 강은 구불구불한 뱀 모양이나 고리 모양으로 굽이쳐 흐르죠. 공중에서 강이 시작되는 곳부터 하구까지의 거리와 뱀 모양으로 흐르는 큰 강의 실제 길이를 비교해보면 그 비가 3.14에 가깝습니다. 돌출한 부분이 완만하면 할수록 이 비가 π값에 가까워집니다. 아마존강이 가장 대표적인 경우입니다. 이렇게 π는 곡선과 직선 사이를 표현할 수 있는 수라서 특수하고 중요한 수라고 할 수 있습니다. 미적분학에 π가 빠질 수 없는 이유도 미적분학이 곡선을 많이 다루기 때문입니다.

원이 아닌 곡선은 타원, 포물선, 쌍곡선이 있다

수학에서 말하는 선은 직선과 곡선입니다. 자연에는 직선이 널려 있습니다. 소금 결정의 모서리나 힘을 받지 않는 물체의 이동 흔적은 모두 직선입니다. 직선은 형태를 바로 떠올릴 수 있지만 곡선은 모양이나 종류가 다양합니다. 수학자들은 다양한 곡선에서 가장 일반적으로 나타나는 곡선들을 뽑아냈습니다. 가장 먼저 원으로부터 시작해서 타원, 포물선, 쌍곡선입니다. 고대 그리스의 수학자들은 이 곡선들을 한 가지 방법으로 보여줄 방법을 찾아냈습니다. 이 곡선들은 원뿔을 평면으로 자를 때 나타난다고 해서 원뿔곡선이라고 부릅니다. 현대 수학자들은 역사적인 발견 과정보다 사용하는 의미에 강조점을 두어 이차곡면이라 부릅니다. 원뿔은 크리스마스나 파티 때 쓰는 고깔모자나 꼬깔콘 모양과 같습니다. 원뿔곡선들은 모래시계를 보면 쉽게 관찰할 수 있습니다. 한쪽으로 모래가 다 내려온 상태를 놓고 보면 모래의 표면이 유리와 만나는 선은 원이고, 모래시계를 약간 기울이면 달걀 모양의 타원을 볼 수 있고, 더 많이 기울이면 포물선을 볼 수 있습니다. 모래시계 양쪽에 똑같은 모래양이 되도록 하고 수평으로 하면 쌍곡선을 볼 수 있습니다.

수학자들은 더 나아가 원뿔과 같은 입체도형을 선과 삼각형 같은 도형을 이용해 상상으로 그려보기도 합니다. 삼각형 모양의 삼각자를 한 바퀴 돌리면 원뿔을 만들 수 있습니다. 3차원 입체도형을 2차원 평면 도형을 이용하는 과정은 수학이 복잡한 것을 비교적 간단한 것을 이용해서 풀어갈 수 있다는 점을 보여줍니다. 그런데 1개의 원뿔을 가지고는 쌍곡선을 보여주기에 부족합니다. 그래서 마주 보는 원뿔 2개를 생각해냅니다. 마주 보는 원뿔은 직선을 이용하는데, 직선의 중점(선분의 길이의 중간이 되는 점)을 중심으로 한 바퀴 돌리면 만들 수 있습니다. 비슷한 예는 과거 강을 건널 때 쓰던 나룻배의 '노젓기'입니다. 배 가운데는 쇠가 튀어나와 있는데 이곳에 노를 끼웁니다. 노의 윗부분은 뱃사공이 잡고, 다른 부분은 물에 잠기게 합니다. 뱃사공 노를 앞으로 밀면 물속에 있는 노의 부분은 뒤로 갑니다. 물은 뒤로 밀리지 않으려고 노를 밀어내기 때문에 노와 연결된 배가 앞으로 나아갑니다. 이렇게 되는 이유는 쇠를 중심으로 물에 잠긴 노의 다른 부분은 반대 방향으로 나아가기 때문입니다. 노젓기처럼 직선을 이용해 마주 보는 원뿔도 아래 부분의 회전과 윗부분의 회전이 반대방향입니다. 수학에서는 이런 부분을 대칭이라고 하는데, 한 점을 중심으로 한다고 해서 점대칭이라고 합니다. 나룻배에서는 튀어나온 쇠, 직선의 회전에서는 직선의 중심점이 대칭의 중심점이 됩니다. 애초에 이 방법으로 하나의 원뿔도 만들면 되지 않을까 할 수 있습니다. 그런데 수식을 세워보면 삼각형의 한 바퀴 회전이 한 점을 중심으로 회전할 때보다 더 쉽습니다. 이미 알고 있는 삼각형의 특징을 그대로 두고, 수직축을 중심으로 회전만 시키면 되기 때문입니다.

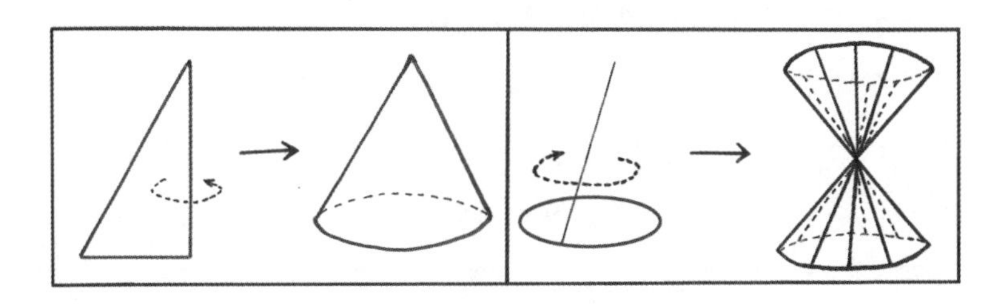

원뿔을 수평으로 자르면 그 자른 면의 테두리는 원이 되고, 비스듬하게 자르면 타원이 됩니다. 고깔 모양의 과자로 직접 해봐도 좋을 것입니다. 그러다가 기울기가 원뿔 자체의 기울기와 똑같아지는 지점에서 타원은 포물선으로 변합니다. 포물선은 타원을 반으로 나눈 모양과 비슷합니다. 원뿔의 기울기보다 가파른 각도로 자르면, 쌍곡선이 나타납니다.

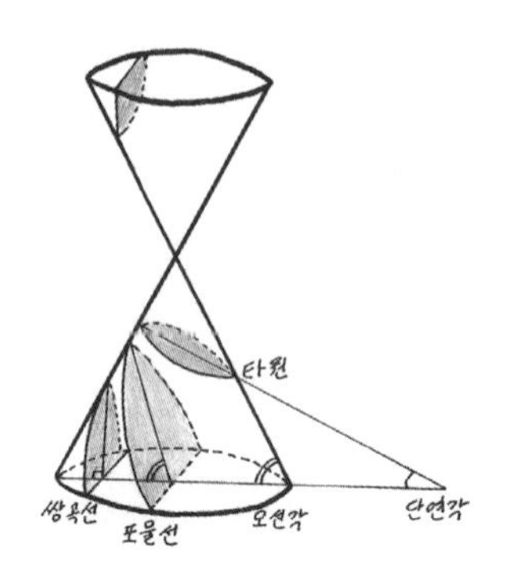

원과 타원의 관계는 어떤 것일까요? 삼각형에는 정삼각형이 있고, 사각형 중에는 정사각형이 있습니다. 그런데 원과 타원은 정원과 원과 같은 표현을 쓰지 않습니다. 그 이유는 원은 중심점이 하나이지만, 타원은 초점이 두 개라는 점에서 전혀 다른 특성을 보이기 때문입니다. 원이 중심점에서 거리가 일정한 점들의 집합이라면, 타원은 두 초점에서 거리의 합이 일정한 점들의 집합으로 특징이 다릅니다. 타원은 고대부터 원뿔을 이용한 정의만 있다가 초점을 이용한 정의는 근대에 오면서 추가되었습니다. 케플러(Johannes Kepler, 요하네스 케플러, 1571~1630)가 행성의 운동을 정리하면서부터입니다. 케플러는 초점(focus)을 두고 "원뿔곡선은 교차하는 두 곡선에서 시작되고 그 교점에서 두 초점이 생긴다. 한 초점이 다른 초점으로부터 멀어짐에 따라 점차로 무수히 많은 쌍곡선이 나타난다. 그리고 하나의 초점이 무한히 멀어졌을 때는 2개의 쌍곡선이 아니라 포물선이 된다. 이 움직이는 초점이 무한원을 통과하여 반대 방향에서 다시 접근해 올 때는 무수히 많은 타원이 나타난다. 그래서 마지막 두 초점이 일치하면 원이 된다"라고 설명하였습니다.

2세기경 활동한 고대 그리스의 수학자·천문학자·지리학자 프톨레마이오스(Claudius Ptolemaeus, 83?~168?)는 하늘의 구슬을 뜻하는 천구(天球)의 운동을 설명할 때 큰 원과 작은 원을 이용해 설명합니다. 뛰어난 설명이고 1,000년 넘게 이 방법으로 천구의 운동을 설명했지만, 지구를 중심으로 하늘이 운동한다는 천동설이라는 점과 완벽한 도형으로 생각한 원만을 이용해서 설명하는 한계가 있었습니다. 행성의 운동을 타원으로 바라보기 시작한 때는 케플러의 법칙과 뉴턴의 미적분학이 나왔을 때부터입니다. 케플러의 제1 법칙에서는 행성이 태양 주변을 타원 궤도로 공전하고, 태양은 그 타원의 두 초점 중 하나의 초점에 자리 잡고 있습니다. 달도 지구 주위를 타원 궤도로 돌기 때문에 지구에 가까워지기도 하고 멀어지기도 합니다. 달이 지구에 가장 가까워질 때의 보름달을 '슈퍼문'이라고 부릅니다. 슈퍼문은 보통 때 보름달보다 약 7% 더 크고 15% 더 밝습니다. 지구 주위를 도는 인공위성도 모두 타원 궤도를 돕니다. 행성이 타원 궤도를 돌면 행성과 태양의 거리는 계속 달라져 운동을 설명하기가 쉽지 않습니다. 뉴턴의 운동 법칙이 나오면서 행성의 운동을 설명할 수 있게 되었습니다.

타원과 비슷한 특징을 가지는 곡선이 포물선입니다. 핼리 혜성(Halley's Comet)처럼 움직이는 별은 태양계 입장에서는 포물선처럼 보이지만, 우주 전체로는 타원운동으로 생각할 수 있습니다. 원뿔의 기울기와 같아질 때 나타나는 포물선은 타원처럼 초점을 가집니다. 대신 포물선에는 초점이 하나 있습니다. 케플러의 설명에 따르면 포물선은 아주 먼 거리에 초점이 있다고 생각할 수 있게 되는 데, 먼거리의 초점은 알기 힘듭니다. 그래서 먼 거리의 초점을 대신할 (기)준선을 생각하였습니다.

포물선은 "한 점과 그 점을 지나지 않는 한 직선에 이르는 거리가 같은 점들의 집합"이라는 정의로 발전합니다. 수학자들이 한 점과 직선의 거리가 같다는 점을 놓고 식을 풀어보면 포물선의 식이 나온다는 점을 증명했기 때문에 가능했습니다.

초점과 관련하여 타원의 특징을 잘 보여주는 사례가 있습니다. 이탈리아 성바오로 대성당에는 '속삭이는 회랑(whispering gallery)'이 있습니다. 복도 한쪽에서 작은 소리로 속삭이면 옆에서는 잘 안 들려도 반대편의 특정한 장소에서는 또렷하게 들립니다. 그 원인은 타원형으로 생긴 천장에 있습니다. 타원은 2개의 초점 중의 한 초점에서 소리를 내면 타원에 반사되어 다른 초점에 소리가 모이는 특징이 있기 때문입니다.

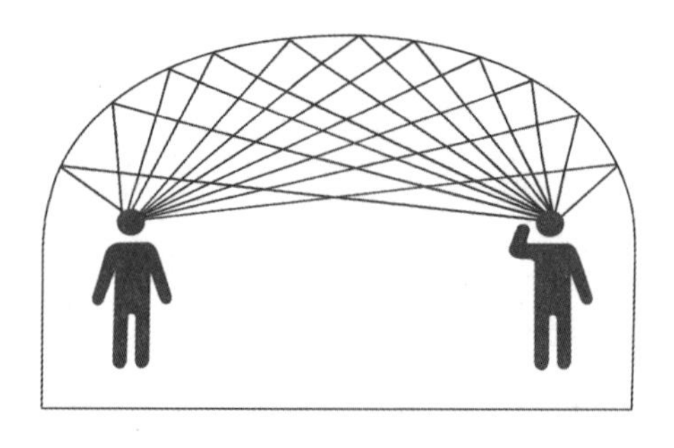

타원의 이런 특징은 의학에서도 사용됩니다. 신장결석이라는 병은 소변이 내려가는 콩팥 주변의 관에 칼슘이나 요산 등이 뭉쳐서 돌처럼 되어 통증을 일으키는 질환을 말합니다. 결석은 물을 많이 먹어 오줌으로 배출되기도 하지만 그렇지 않은 때에는 소변이 요도관을 지날 때 흐름이 끊기어 소변을 잘 보지 못하고 고통이 따릅니다. 이런 경우에는 수술해야 하는데, 돌을 잘게 쪼개는 방법은 여러 가지가 있습니다. 이전까지 주로 사용하던 레이저 치료는 결석의 위치를 정확하게 찾지 못하고 사용하면 다른 세포 조직들을 훼손하는 등의 부작용이 있기에 최근에는 비교적 안전한 타원의 원리를 이용하기도 합니다. 욕조에 사람이 누워 있고 결석이 있는 부분을 타원의 한 초점으로 하고 다른 초점에서 충격파를 발생시켜 결석을 잘게 깨뜨리는 방법을 사용합니다.

기하, 건축에 영향을 미치다

수 계산을 다루는 산술은 교역, 세금 등 인류의 생활에 큰 영향을 미쳤습니다. 기하는 측량을 통해 농업에 영향을 미쳤을 뿐만 아니라 건축에도 역할을 톡톡히 했습니다. 이집트에서는 거대한 사각뿔 모양의 피라미드로 이어졌고, 그리스에서는 황금비를 이용한 건축, 조각을 만들었습니다. 가장 아름다운 비율이라는 황금비율이 사용된 사례들은 많이 있습니다. 꽃잎의 개수 비율이나 고깔 모양의 소라의 껍데기에 나타나는 곡선의 비율처럼 자연에서는 흔히 발견되는 비율입니다. 황금비례는 어떤 기하학적 고려로 관념적으로 인간이 조작해내거나 고안해낸 것이 아니라 자연의 조형으로부터 '발견'해냈다고 보고 있습니다. 그래서 다른 아름다움에 비해 더 많이 활용된 것은 아닌가 생각합니다.

그리스에서 황금비가 적용된 대표적인 건축물은 바로 파르테논 신전입니다. 전쟁의 여신 아테나를 기리는 이 신전은 아테네의 중심지에 있는 언덕에서 가장 아름답고 웅장한 건축물로 손꼽힙니다. 신전은 기원전 448년부터 기원전 432년까지 당대 최고의 조각가와 건축가의 설계로 16년에 걸쳐 완성됐습니다. 도리스 양식과 이오니아 양식이 절묘하게 어우러져 건축사적으로 의미가 깊은 이 신전은 가로와 세로의 비율인 1.618:1인 황금비이고, 기둥과 지붕의 비도 그 비율로 이루어져 있습니다. 이집트의 유명한 쿠푸왕의 피라미드는 약 50층짜리 빌딩 높이와 맞먹는데, 피라미드의 옆면과 밑면 그리고 높이가 만드는 직각삼각형을 볼 때 그 밑변과 빗변이 약 1.16의 비율로 역시 황금비와 가깝습니다. 비너스의 조각상에서 배꼽 아랫부분과 윗부분의 비율도 황금비입니다.

황금비의 처음 언급은 피타고라스학파에 의해서 나왔습니다. 주어진 선분을 둘로 나눌 때 잘린 선분(A)에 대한 처음 선분의 길이의 비(A+B)와 짧게 잘린 선분(B)에 대한 길게 잘린 선분의 길이(A)의 비가 같을 때 즉, A:A+B=B:A일 때 그 비율이 황금비입니다. 그림과 같이 가로의 길이가 A+B, 세로의 길이가 A인 직사각형을 만들면 더 시각적으로 알 수 있습니다. 가로 길이가 A+B인 직사각형을 가로로 A:B 정사각형과 작은 직사각형으로 나눕니다. 이때 만들어진 작은 직사각형과 전체 직사각형이 닮음일 때, 그 비율 $\frac{A}{B}$ 또는 $\frac{A+B}{A}$가 황금비라고 합니다.

이 모형을 대수식으로 표현해볼 수 있습니다. [부록1]

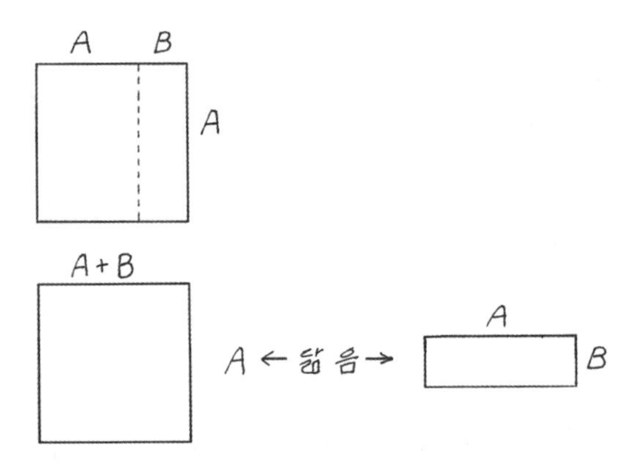

기하, 예술에 영향을 미치다

기하와 예술의 관계는 르네상스 시대에 많은 사례를 찾을 수 있습니다. 레오나르도 다빈치(Leonardo di ser Piero da Vinci, 1452~1519)는 과학자, 수학자, 미술가 등 다양한 재능을 가졌습니다. 그래서 그가 남긴 그림에는 수학을 활용한 사례가 많습니다. 〈최후의 만찬〉은 선을 이용한 원근법(가까운 것을 크게 먼 것을 작게 그리는 방법)을 활용하여 사물의 멀고 가까움을 표현하고 있습니다. 〈모나리자〉에서는 대기 원근법의 원리를 적용했습니다. 〈최후의 만찬〉에 나타난 선 원근법이 '화가의' 눈과 대상의 거리 차이를 이용해 3차원의 공간을 평면에 담아내는 방법이라면, 대기 원근법은 공기 중의 먼지나 습도로 인해 시야에서 멀어질수록 대상이 더욱 뿌옇게, 흐리게, 채도가 낮게 보일 수 있습니다. 그래서 〈모나리자〉는 어느 방향에서 보느냐에 따라 표정이 다르게 느껴진다고 합니다. 최근에 보는 각도에 따라 색이 달라지는 '카멜레온' 필름이나, 캔버스에 색 뿌리기를 통해 단색화이지만 보는 각도와 거리에 따라 색이 달라지게 하는 프랑스 작가 티모테 탈라드(Timothée Talard)의 그림에 영감을 주었다고 할 수 있습니다. 이런 색 변화는 물에 기름이 떠 있을 때 보는 각도에 따라 색이 다양하게 변하는 현상과 유사합니다. 투명한 구체 껍질이 빛을 투과하면서 나타내는 다양한 색 효과와 관련이 있습니다.

네덜란드 추상 예술의 거장 몬드리안(Piet Mondrian, 피트 몬드리안, 1872~1944)은 강렬한 검은색 선이 만들어내는 단순한 기하학적 패턴에 삼원색(청록색, 진홍색, 노란색)·무채색이 채워진 직사각형을 이용해 그렸습니다. 몬드리안은 사물의 본질을 수평선과 수직선, 교차 그리고 사각형의 관계로 설정합니다. 끊임없이 변하는 자연의 형태 속에 숨겨진 불변의 실재를 예술로 드러내려고 했습니다. 자연의 가장 순수한 실재를 단순화한 추상으로 표현하는 수학과 만나게 된 것은 필연적인 것 같습니다.

또 다른 네덜란드 화가 에셔(Maurits Cornelis Escher, 마우리츠 코르넬리스 에셔, 1898~1972)는 이슬람인의 모자이크에 영감을 받아 기하학적 무늬를 담은 작품들을 선보입니다. 심리학자와 과학자들에게 깊은 인상을 주어서, '뫼비우스의 띠' 위를 맴도는 개미의 그림은 수학교과서에서, 천사와 악마를 패턴화하여 상호 결합시킨 그림은 심리학 개론서에서 쉽게 찾아볼 수 있습니다. 에셔는 알함브라(알람브라) 궁전에서 영감을 받아 아름다운 판화를 만들었습니다. 이슬람교 예술가들은 다양한 기하 모양을 이용하여 알함브라 궁전을 장식했습니다. 미끄러뜨리고, 돌리고, 거울상으로 뒤집는 등 도형의 대칭을 이용하고 반복하여 만들 수 있는 무늬는 열일곱 가지가 전부라고 합니다. 알함브라 궁전에는 이 열일곱 가지를 모두 찾아볼 수 있습니다.

2. 수에 관한 학문, 수학

학문이란 무엇을 말하는 것일까요? 깊은 지식이 오랜 시간 동안 발달하는 분야라면 학문이라고 할 수 있을까요? 전문 연구자들이 있고 그 연구의 결과물이 쌓이면 학문이라고 할 수 있습니다. 피타고라스(Pythagoras, 기원전 580~기원전 500)는 학파를 형성하고 연구 결과물이 현대에도 전해집니다. 그래서 학문으로서의 수학은 피타고로라스 학파로부터 시작되었다고 이야기합니다. 수학은 철학과 더불어 인류 역사상 가장 오래된 학문이라고 할 수 있습니다.

수학이 탄생하다

수의 학문은 그리스를 포함한 지중해에서 시작되었고, '피타고라스의 정리'가 수학의 시작이라고 할 수 있습니다. 그 정리는 앞에서 보았듯이 이집트에서 이미 사용하고 있던 직각삼각형의 특징을 정리한 것입니다. 이집트에서는 주로 3, 4, 5의 변을 가지고 주로 이용하였다면 피타고라스는 모든 직각삼각형에 적용되는 법칙으로 정리하였습니다. 피라고라스는 이 정리의 타당성을 증명을 통해 보여주었습니다. 정리는 어떤 현상의 의미를 깊게 하고 일반적으로 사용할 수 있게 표현한 것이라고 할 수 있습니다. 물리학에서는 주로 '법칙'이라는 말을 사용합니다. 정리와 법칙은 같은 특징을 갖는 모든 상황에 적용할 수 있다는 점에서 학문의 특징입니다.

'수를 배운다'는 의미의 수학(數學)은 영어로는 Mathematics(매스매틱스)입니다. 이 표현은 라틴어 'mathmatica(마테마티카)'에서 왔는데, 그리스어 '배움'을 뜻하는 mathesis(마테시스)에서 파생하였습니다. 표현 자체에는 수, 계산 등과 같은 의미는 찾아볼 수 없습니다. 당시에는 수나 연산에 국한되지 않고 '배움'과 '지식'을 탐구해야 학문으로 생각했습니다. 철학의 영어 표현인 필로소피아(philosophia)는 '지혜에 관한 사랑'이라는 뜻이고, 과학의 영어 표현인 사이언스(science)가 '안다'에서 왔듯이, 고대 그리스에서는 배움·앎·지식 등의 과정의 결과물로 나온 것이 철학·과학·수학이라고 생각했습니다. 당시에는 이 세 가지가 세상을 알아가는 방법들이라고 생각했습니다. 그리스에서는 수뿐만 아니라 기하학도 중요시했기에 수만을 다루는 학문으로 생각하지 않았다는 점도 작용한 것 같습니다.

고대에 여러 문명이 있었는데 왜 그리스에서 수학이 가장 발달했을까요? 그리스에서는 자연을 철학적으로 탐구하는 '자연철학'이 발달했습니다. 자연철학은 자연에 존재하는 만물의 근원을 물, 원자, 수에 두는 철학 등으로 나타났습니다. '수'를 만물의 근원이라고 본 '피타고라스 학파'는 자연철학의 전통 위에서 수학을 꽃피우는 역할을 했습니다.

당시의 수학은 현대 수학으로는 기하학, 정수론(정수에 관한 이론)이라고 할 수 있습니다. 정수론이란 수의 속성들을 연구하는 분야입니다. 예를 들어 2가 아닌 소수(素數)를 4로 나누면 나머지는 1이거나 3입니다. 만일 나머지가 1이라면, 제곱수(어떤 수의 제곱인 수) 2개를 더해서 그 소수를 만들 수 있음을 증명할 수 있습니다. 73을 4로 나누면 1입니다. 73은 9+64 즉, 3의 제곱과 8의 제곱의 합으로 나타낼 수 있습니다. 정수론에는 이 외에도 수의 흥미로운 규칙성을 발견하고 증명하는 내용이 풍부합니다. 어떤 사람들은 정수론은 쓸모 없는 이론으로 이야기했지만, 소수를 이용하는 암호학이 나오면서 그런 이야기는 나오기 힘들게 되었습니다.

피타고라스는 학파의 이름이기도 하다

피타고라스학파는 피타고라스가 세운 연구 집단입니다. 피타고라스와 학파의 연구 업적 구분이 명확하지 않은 경우가 있지만, 피타고라스의 생애는 비교적 잘 알려졌습니다. 고대 그리스의 피타고라스는 스승으로 알려진 탈레스(Thales, 기원전 624경~기원전 547경)의 조언에 따라 지중해를 중심으로 다양한 지역을 돌아다니며 자연 만물과 세상의 지혜에 관해 배웠습니다. 이집트에서는 사제들과 생활하면서 상형문자 등 그들의 언어와 사상을 배웠고, 바빌론에선 조로아스터의 사상을 탐닉했습니다. 기원전 530년쯤, 많은 곳을 두루 돌아다닌 피타고라스는 그리스의 식민지였던 이탈리아 남부 항구도시 크로톤(Croton)으로 돌아와서 비밀스러운 학파를 설립하고, 일종의 금욕적인 공동체 생활을 하며 학문적 연구와 종교 활동에 전념했습니다.

학파는 수를 만물의 근원으로 생각하여, 도형과 결혼도 숫자로 나타내려 했습니다. 과학적인 면도 있었으나 종교적인 측면도 있어 어떤 이들은 학파라 하고 어떤 이들은 교파라 합니다. 고대나 현대를 통틀어 피타고라스학파만큼 수를 경배한 집단을 찾기는 힘듭니다. 그들은 짝수를 여성, 지상에 속하는 것, 홀수는 남성, 천상에 속한다고 간주했습니다. 하나는 변하지 않기 때문에 이성을, 둘은 의견을, 넷은 첫 번째 완전제곱수, 즉 같은 수의 곱으로 정의를, 다섯은 첫 번째 여성적 수와 첫 번째 남성적 수의 합이므로 결혼을 나타냅니다. 처음 네 숫자 1, 2, 3, 4의 결합으로 나오는 10은 신성하다고 여겼습니다. 지금은 받아들이기 힘든 이야기지만 기원전이라는 상황을 고려하면, 숫자의 형태를 통해서 인간과 우주의 속성을 파악하려 했다고 생각할 수 있습니다.

학파의 숫자에 관한 탐닉은 숫자의 다양한 속성 연구로 이어집니다. 현대 정수(음의 자연수, 0, 자연수를 합한 수)론은 피타고라스학파의 연구가 바탕이 되었습니다. 이와 관련해 '친화수(Amicable Number, 우호적인 수)'와 관련한 흥미로운 일화가 있습니다. 피타고라스는 친구의 의미를 묻는 질문에 "또 다른 나이다. 마치 220과 284처럼"이라고 답합니다. 220과 284은 자기 자신을 제외한 약수의 합이 상대수의 값과 같습니다. 즉 220의 약수 중에서 자신을 제외한 1, 2, 4, 5, 10, 11, 20, 22, 44, 55, 110을 합하면 284가 되고 284의 약수 1, 2, 4, 71, 142로 이를 합하면 220이 됩니다. 친구는 다르지만 서로를 이루는 사람이라는 뜻으로 해석할 수 있습니다. 친구의 의미를 어떤 문자 언어에 못지않게 표현하고 있습니다.

자기 자신을 제외한 약수의 합이 자신과 같은 완전수(perfect number)도 찾아냈습니다. 가장 작은 완전수는 6입니다. 1, 2, 3을 더한 값은 6이 됩니다. 두 번째 완전수는 28입니다. 이런 완전수에 관한 연구는 중동에 있는 유대(이스라엘의 고대 왕국)에도 전해진 듯합니다. 황제이자 철학자인 아우구스투스는 6이 완전하기 때문에, 구약선경에서 나오듯이 신이 6일 동안 창조했다고 말합니다. 지금도 어떤 학자는 수에서 우주의 의미를 찾기도 합니다.

수학과 과학은 근대에 오면서 따로 발전했지만, 고대에는 수학자이자 과학자인 사람이 많았습니다. 피타고라스는 물리 법칙을 지배하는 수학 법칙을 발견하기도 하였습니다. 잘 알려져 있다시피 음악의 화음원리입니다. 4세기의 철학자 이암블리코스(Iamblichus, 245~325)는 자신의 책에서 피타고라스가 음악적 화성법의 기본원리를 발견하게 된 동기를 기록하고 있습니다. "언젠가 피타고라스는 청력을 보완하는 보청기라는 물건을 자신이 과연 만들 수 있는지에 대하여 깊은 생각에 잠겼다. 그의 생각에 보청기는 컴퍼스나 자, 또는 광학기계들처럼 '역학(힘에 의한 운동을 연구하는 과학 분야)적인 물건'이었다. 촉각의 세기로부터 '물건의 무게'라는 개념이 탄생한 것처럼 그는 귀로 듣는 소리 역시 숫자로 정량화시킬 수 있다고 생각했을 것이다. 어느 날 그는 우연히 대장

간 앞을 지나다가 쇠를 두드리는 망치 소리를 들었다. 그 소리는 메아리와 어우러져 불규칙한 잡음처럼 들렸으나, 거기에는 단 하나의 화음이 섞여 있었다. 신이 그에게 행운의 미소를 던진 것이다."

피타고라스는 "하나의 망치가 쇠를 두드리는 소리는 굉음에 불과하지만, 여러 개의 망치를 동시에 내리치면 조화로운 화음을 만들어낼 수 있다"라며 소리 사이에는 수학적 관계가 성립한다는 결론을 내립니다. 즉 망치의 무게비가 간단한 분수로 표시되는 경우에 조화로운 화음이 울린다는 것입니다. 실제로 임의의 무게를 가진 망치와 그것의 $\frac{1}{2}$, $\frac{1}{3}$, 또는 $\frac{3}{4}$의 무게를 가진 망치를 동시에 내려쳤더니, 듣기 좋은 화음이 생성되었습니다. 이렇게 해서 피타고라스는 음악의 모든 화성이 간단한 정수비(분수)로 이루어진다는 진리를 밝혀내게 됩니다. 이 발견 이후로 학자들은 아무리 사소한 물리적 현상이라 해도 그것을 설명하는 수학 법칙을 찾아내려고 애를 썼으며, 그 결과 모든 자연현상은 '수'로 표현할 수 있다는 사실이 세상에 알려지기 시작했습니다.

기하에서 비례는 중요하다

만물의 근원을 '물'로 바라본 탈레스에서부터 그리스 기하학이 시작되었다고 이야기합니다. 탈레스는 기하학에 처음 증명이라는 개념을 사용했습니다. 수에 관해 피타고라스가 정리한 것처럼 탈레스도 다섯 가지 정리를 내놓았습니다. "임의의 원은 지름에 의해서 이등분된다. 두 직선이 만나면 마주 보는 두 각은 같은 각을 이룬다. 반원에 대한 원주

각(원둘레의 한점에서 두 지름 끝에 연결한 각)은 항상 직각이다. 삼각형의 한 변과 양 끝의 각이 다른 삼각형의 그것과 같으면 두 삼각형은 합동(2개의 도형의 크기와 모양이 같아 서로 일치함)이다. 이등변삼각형의 두 밑가은 서로 같다" 등입니다.

그의 증명 중 가장 간단한 사례를 살펴봅시다. 원에 지름을 그어놓은 상태를 생각하면 당연히 좌우대칭인 듯합니다. 너무 분명한 듯한 내용을 어떻게 증명했을까요? 수학의 증명은 미리 알고 있는 내용을 통해서 풀어갈 수 있습니다. 이 경우에는 원은 중심으로부터 길이가 모두 같다는 점을 활용합니다. 탈레스는 지름을 기준으로 반으로 접어보라고 합니다. 만일 지름이 원을 이등분하지 않는다면 두 면에서 포개지지 않는 부분은 중심에서의 원의 길이가 다르게 됩니다. 이건 원의 정의에 어긋나기 때문에, 지름은 원을 이등분한다는 정리가 참(증명을 통해 맞는 경우는 참, 틀린 경우는 거짓이라고 표현)이라고 할 수 있습니다. 탈레스는 일식을 예견하기도 했고, 피라미드의 높이를 측정하기도 했습니다.

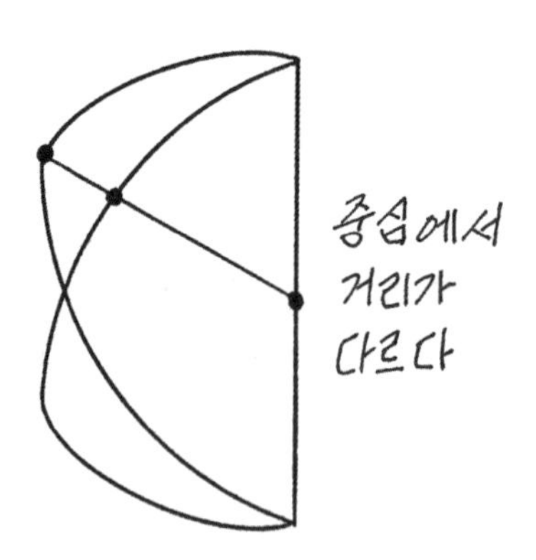

한편 기하에서 비례는 많은 문제 해결의 중요 수단입니다. 삼각형의 비례를 이용해서 키가 큰 나무의 높이를 재는 방법을 살펴봅시다. 사람 키보다 훨씬 높은 나무는 그만큼 큰 자를 만들 수 없어 길이를 잴 수 없습니다. 그림처럼 나무의 그림자와 사람의 그림자를 비교하면 사람의 키와 나무의 높이가 비례하기 때문에 쉽게 나무의 높이를 잴 수 있습니다. 사람 그림자의 길이(2m)보다 나무 그림자의 길이(6m)가 3배이기 때문에 나무의 높이는 사람 키(1.5m)의 3배인 4.5m라는 것을 알 수 있습니다. 이렇게 삼각형의 원리를 이용한 측량을 삼각측량이라고 하는데 다리나 철도를 놓는 토목 공사를 위한 측량에서는 삼각측량을 많이 사용됩니다.

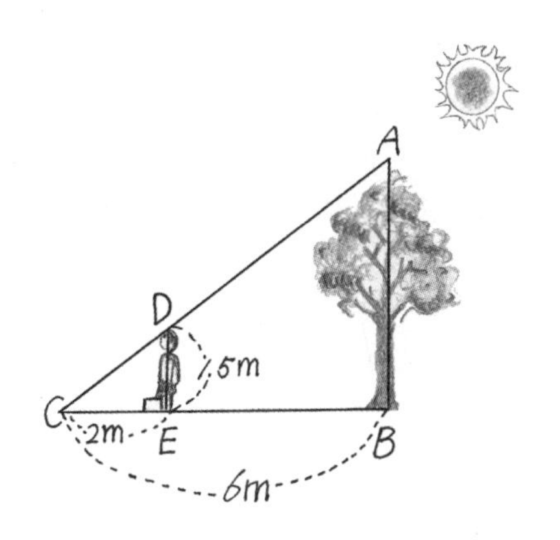

같은 원리로 에라토스테네스(Eratosthenes, 기원전 274~기원전 196)는 지구 둘레의 길이를 측정했습니다. 고대 이집트의 알렉산드리아 도서관의 책임자였던 그는 태양이 수직으로 비추어 그림자가 사라지는 것을 발견합니다. 그런데 같은 시간에 다른 지역에서는 그림자가 생깁니다. 태양의 고도, 즉 빛이 들어오는 각도가 다르기 때문인데, 그는 지구가 둥글어서 생기는 일이라고 판단했습니다. 태양광선은 아주 먼 거리에서 오기 때문에 지구에 수평으로 온다고 생각할 수 있습니다. (아주 작은 값은 무시하는 경우는 수학이나 과학에서 종종 나타납니다.) 삼각측량처럼 비례식을 이용해서 지구의 둘레를 측정했습니다.

하짓날 정오에 800km 떨어진 지역인 시에네(Syene, 현재의 아스완)에 막대를 세우고 그림자 길이가 없음을 확인합니다. 알렉산드리아에도 막대를 세웠습니다. 그림자가 생겼는데 막대 꼭대기로부터 각도(θ)는 약 7.2°였습니다.

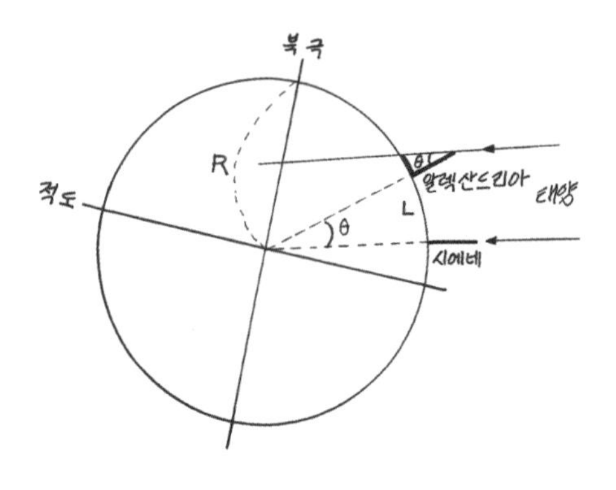

다음 그림을 따라 생각해보면 알렉산드리아와 시에네 사이의 각은 그림자 기울기 각과 같다는 것을 알 수 있습니다. 그림 1)에서 두 평행선을 한 직선이 지날 때, 같은 위치에 있는 각(동위각)은 같습니다. 두 평행선 중에 한 선을 다른 선으로 이동하면 각A와 각B가 같다는 것을 알 수 있습니다. 그림 2)에서 두 직선이 교차할 때 각B+각C, 각C+각D는 모두 180°입니다. 그러면 각B+각C=각C+각D가 됩니다. 따라서 마주 보는 각은 탈레스의 정리대로 값이 같습니다. 그림 3)에서는 그림 2)에서 마주 보는 각D가 각B와 같으므로, 두 평행선과 교차하는 선에서 서로 마주 보는 엇각은 같다는 것을 알 수 있습니다.

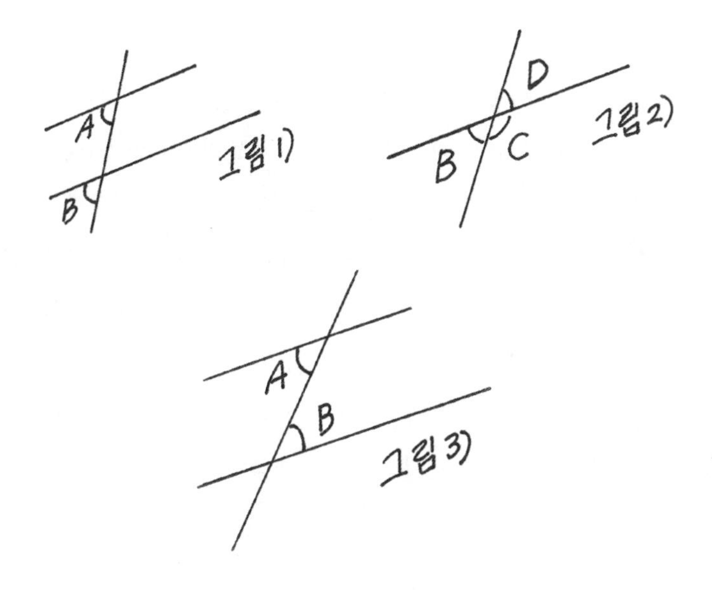

이어진 증명을 바탕으로 처음 그림으로 가서 보면, 시에네의 그림자가 생긴 각과 시에네와 알렉산드리아의 사잇각이 같다는 것을 알 수 있습니다. 이제 두 지점의 거리, 지구 둘레, 그림자각, 지구둘레각 사이의 비례식을 세울 수 있게 됩니다. 각과 호의 길이는 비례하기 때문에 다음과 같은 비례식을 쓸 수 있습니다. '(그림자각):(지구둘레각)=(알렉산드리아와 시에네의 거리):(지구둘레)'가 됩니다. 내항의 곱은 외항의 곱과 같은 원리를 이용하여 풀 수 있습니다. 여기서 내항은 (지구둘레각)과 (알렉산드라와 시에네의 거리)가 되고, 외항은 (그림자각)과 (지구둘레)입니다. 지구의 전체 각은 360°이고, 알렉산드리아의 그림자 각은 7.2°, 일렉신드리아와 시에네의 거리는 800km입니다. 이를 두고 식을 풀면 지구 둘레는 약 40,000km가 됩니다. 실제 지구의 둘레와 1% 오차도 나지 않습니다.

잠깐 각도의 표현을 살펴볼까요. 영어에는 발, 팔을 이용해 만든 단어들인 feet(피트), inch(인치) 등을 쓰듯이 각도의 단위인 도(degree)는 라틴어에서 나온 단어로 동물 보폭의 크기를 표시하는 단위로 쓰이다가 단계, 정도의 뜻을 가지고 온도나 각도의 단위로 사용하고 있습니다. 콜럼버스 이전의 유럽 사람 중에는 먼바다로 가면 폭포처럼 밑으로 떨어질 것으로 생각하는 사람들이 있었습니다. 현대에도 미국 인구의 4%는 지구가 평면이라고 믿는다고 합니다. 그런데도 수천 년 전에 이런 사고를 펼친 학자가 있었다는 점에서 수학이 자연을 해석하는 뛰어난 수단임을 확인할 수 있습니다. 지구의 둘레는 과학, 특히 지구과학에 관련됩니다.

그리스 외의 지역에서 기하학은 어떤 모습들이었을까요? 유럽의 북쪽 끝에 사는 바이킹들은 콜럼버스 이전에 이미 아메리카 대륙을 탐험했다는 고고학 연구가 진행되고 있습니다. 에릭손(Eiríksson)이라는 사람이 우연히 안개에 휩싸여 표류하다가 대륙을 발견하게 되었다는 이야기가 있습니다. 처음에는 해류에 의해 우연히 도착했겠지만 몇 번의 왕복이 가능하기 위해서는 길을 찾을 방법이 필요했습니다. 이때가 1000년경입니다. 중국에서 발명한 나침반이 유럽에서 본격적으로 이용된 시기는 14세기이니 300~400년 전일 때입니다. 캐나다와 아일랜드가 합작한 드라마 〈바이킹스〉을 통해 당시의 방법을 추측해볼 수 있습니다. 주인공인 라그나 로드브로크가 별자리와 해의 그림자를 이용하여 항해합니다. 별을 보는 각도를 재거나, 태양의 그림자의 기울기 방향을 가지고 하는 방법입니다. 에라토스테네스의 방식과 비슷하다고 할 수 있습니다.

기하에는 왕도가 없다

알렉산더 대왕의 부하로 이집트를 중심으로 왕국을 건설한 왕이 프톨레마이오스(Ptolemaeus, 기원전 367~기원전 283) 1세입니다. 이집트의 알렉산드리아는 역사상 가장 유명한 도서관이 있을 정도로 학문의 중심지였습니다. 프톨레마이오스의 스승은 유클리드(Euclid)였습니다. 어느 날, 유클리드는 한 선분($\overline{AB}$)이 있을 때 정삼각형을 만들라는 숙제를 내며 공리를 이용해서 풀 수 있다고 말합니다. 왕은 풀지 못해 유클리드에게 도움을 청합니다. 유클리드 공리의 세 번째 "임의의 점에서는 반지름을 갖는 원을 그릴 수 있다"를 이용합니다. 선분($\overline{AB}$)를 반지름으로 하여 A를 중심으로 원을 그리고 B를 중심으로 그리면 한 점(C)에서 만납니다. 이때 공리의 첫 번째인 "모든 점에서 다른 점으로 직선을 그을 수 있다."를 이용할 수 있습니다. A에서 C로 직선을 긋고, B를 C에 그으면 세 변은 모두 원의 반지름으로 $\overline{AB}$의 길이와 같아서 정삼각형이 됩니다. 프톨레마이오스는 "좀 더 쉬운 방법은 없소?"라고 묻습니다. 유클리드는 "기하학에는 왕도(王道)가 없습니다"라고 답합니다. 왕국에는 왕을 위한 길이 따로 있었지만, 수학 특히 기하학에서는 더 쉽게 갈 수 있는 특별한 길은 없다는 뜻입니다.

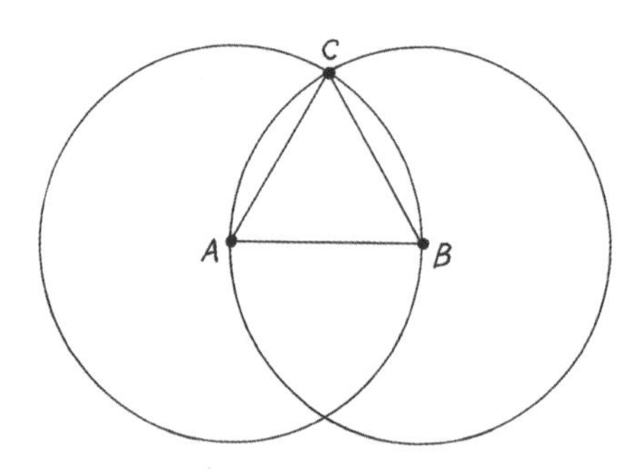

우리나라에도 비슷한 사례가 있습니다. 다양한 천문기기를 발명하도록 도운 세종대왕은 유교에 몰두한 신하들이 기술자들이나 읽을 수학책을 너무 읽는다며 비판하자, "수학책에는 고대 성인들의 지혜가 있다"라며 받아칩니다. 왕이 수학을 할 일은 없다는 비판에는 직접 반박하지 않으면서도 성인의 지혜가 꼭 사서오경에만 있지 않고 산술을 담은 책도 "고전"이라고 답합니다. 《조선왕조실록》에는 세종대왕이 '마방진'(가로, 세로, 대각선으로 배열된 각 숫자의 합이 똑같아지도록 만드는 것)을 즐겼다는 이야기와 경상남도 감사가 중국의 수학책을 새롭게 출판하여 진상(왕에게 드림)하자 신하들에게 나누어주고 감사에게는 상을 내렸다는 이야기가 나옵니다. 세종대왕 시절에 많은 발명을 한 이유가 왕이 수학을 잘 이해했다는 배경 때문이라고 생각해볼 수 있습니다.

유클리드는 수학의 증명을 발전시켰다

고대 그리스의 기하학은 유클리드 때에 와서 '기하학'이라는 이름에 걸맞게 하나의 체계를 형성합니다. 기하학은 증명의 학문이라고 할 정도로 증명을 중요시합니다. 그런데 증명을 하기 전에 몇 가지 밑바탕이 필요했습니다. 먼저 증명하지 않고 그대로 인정하는 '공리'가 있습니다. 공리는 읽으면 누구나 당연한 것이어서 굳이 이렇게 이름 붙일 일인가 싶어집니다. 하지만 공리가 있어야 증명의 과정을 진행할 수 있습니다. 유클리드는 이전에 발견(증명)되었던 많은 정리를 비교하고 검토하여 그 모든 정리가 공통으로 근거하고 있는 내용을 다섯 가지 공리로 표현하였습니다.

1. 서로 다른 두 점이 주어졌을 때, 그 두 점을 잇는 직선을 그을 수 있다.
2. 임의의 선분은 얼마든지 길게 늘릴 수 있다.
3. 임의의 위치에서 임의의 반지름을 가진 원을 그릴 수 있다.
4. 모든 직각은 서로 같다.
5. 직선 위에 있지 않은 한 점을 지나며 그 직선에 평행인 직선은 1개 존재한다. (평행선의 공리)

5개의 공리 중에서 다섯 번째 공리에만 이름이 붙어 있습니다. 평행선은 서로의 거리가 일정한 데, 한 점이라는 특정한 점을 기준으로 하므로 그 점과 원래의 직선과의 거리보다 멀어질 수도 가까워질 수 없습니다. 결국 평행선은 하나만 존재합니다. 앞의 네 가지 공리들이 정의에 가깝다면 다섯 번째 공리는 조금 증명의 여지가 남아 있어 보입니다. 그래서 학자들은 증명을 시도하고 '평행선의 공리'라는 이름을 붙였습니다. 현대에는 휘어진 공간에서의 평행선은 서로 만날 수 있다는 증명이 나와 새로운 기하학이 탄생하였습니다. 그래서 평행선 공리만 바꾼 '비유클리드 기하학'으로 발전합니다. 1820년, 헝가리 귀족이자 수학자인 보여이(Farkas Bolyai, 퍼르커시 보여이, 1775~1856)의 아버지 야노스 보여이(Janos Bolyai, 1802~1860)는 오랫동안 1~4번 공리를 이용해 평행선 공리를 증명하려 했다가 실패한 후 아들에게 이를 유도하려고 하지 말라고 유언합니다. 하지만 아들 보여이는 증명을 시도하고 실패합니다. 그는 관점을 바꾸기로 합니다. 네 가지 공리와 평행선 공리를 구분하고, 평행선 공리에 근본적인 의문을 제기합니다. 보여이가 연구하고 있을 때, 러시아에서는 로바첸스키(Nikolai Lobachevsky, 니콜라이 로바첸스키, 1792~1856)가 같은 일을 하고 있었습니다. 그렇게 해서 한 점을 지나며 한 직선과 수평인 직선이 2개 이상인 '쌍곡기하학'이 탄생합니다.

후대의 그런 변화를 알지 못했을 유클리드는 자신의 책 《원론》에서 다섯 가지 공리를 이용하여 465개의 수학 정리를 유도합니다. 그 책에는 공리를 설명한 후 증명을 위해서 몇 가지 정의를 내립니다. 앞에서 보았듯이 수학에서 정의란 '둔각은 직각보다 큰 각이다'와 같은 것들로 우리가 일반적으로 사용하는 용어 정의의 개념과 가깝습니다. 이렇게 유클리드의 정리들에는 점, 선, 원, 각의 개념들이 활용됩니다. 기하학을 게임으로 생각하면 공리는 게임의 규칙이라고 할 수 있습니다. 게임에서는 그 게임에서만 규칙을 지키고 다른 게임에서는 다른 규칙으로 할 수 있지만, 2,000년 동안 수학자들에게 공리는 자명한 진리로 여겨 누구도 의문을 가지지 않았습니다.

수학이 증명이라는 논리적 과정을 '특히 중요하게 생각하기에' 다른 학문과 구별되는 특징이 있습니다. 과학에서는 반증가능성(반대 증거를 제시할 가능성)이 있어야 과학이라고 합니다. 수학에서는 증명되지 않으면 수학이라고 인정하지 않습니다. 증명되기 전까지는 '가설'일 뿐입니다. 가장 유명한 가설은 리만 가설입니다. 수학자들은 증명이 안 된 주제가 있다면 수백 년이 넘게 연구하여 증명하려고 합니다. 가장 유명한 수학의 난제인 '페르마의 마지막 정리'는 페르마(Pierre de Fermat, 1607~1665) 이후 300여 년이 지난 1995년에 증명됩니다.

수학의 전통이 강한 프랑스에서 증명이 다른 학문에 미치는 영향을 생각해볼 수 있습니다. 《쎄느강은 좌우를 나누고 한강은 남북을 가른다》에서 홍세화는 프랑스인들에게 수학은 철학만큼 중요한 분야라고 이야기합니다. 토론을 중시하는 프랑스 문화에서 토론을 잘하려면 철학만큼 수학의 논리력이 필요하기 때문입니다. 수학의 논리력은 문제를 풀어가는 과정에서 나타나기도 하지만 증명의 과정에서 가장 빛을 발합니다. 그런 관점에서 프랑스에서는 어떤 주장을 할 때 증명이 되기까지는 끊임없이 회의하고 다양한 관점을 받아들이는 노력을 강조합니다. 일부 프랑스 사람들은 글쓰기를 잘하려면 수학을 잘해야 한다고도 이야기합니다. 글의 내용이나 형식과 구성(서론-본론-결론, 기승전결 등)의 모든 면에서 수학적 논증과 분석 능력이 필요하기 때문입니다.

놀랍게도 증명의 시작은 상상과 관련이 있습니다. "이런 것이 가능할까? 이런 내용은 과연 맞을까?" 등의 상상으로 시작한다고 합니다. 피타고라스 정리를 증명하는 방법이 많은 이유도 다양한 상상력의 결과물이기 때문입니다. 그래서 수학자들은 상상의 주장을 논리로 증명하는 기하학이 아름답다고 합니다. 논리적 추론(logical reasoning)의 방법으로 학교에서 가르치는 '연역법'과 '귀납법'은 일본의 계몽사상가 니시 아마네(西周)가 deduction(deductive reasoning 연역 추리)과 induction(inductive reasoning 귀납 추리)을 번역하여 만든 단어입니다. 연역법(演繹法)은 '펼칠 연(演)'과 '풀어낼 역(繹)'이 합쳐진 것으로 일반적인 원리로부터 새로운 이론을 펼쳐서(演) 풀어내(繹)는 방법입니다. '펼칠 연(演)'은 라틴어 접두사 de-에, '풀어낼 역(繹)'은 라틴어 동사 duco에 각각 상응한다고 볼 수 있습니다. 귀납법(歸納法)은 '돌아갈 귀(歸)'와 '들일 납(納)'이 합쳐진 것으로 구체적인 사실들을 종합해 일반적인 원리로 돌아(歸) 들어가는(納) 방법입니다. '돌아갈 귀(歸)'는 라틴어 접두사 in-에, '들일 납(納)'은 라틴어 동사 duco에 각각 상응한다고 볼 수 있습니다. 수학은 기본적인 가정(결론)에서 출발해서 다양한 사례들로 펼치고 풀어내어 증명하는 연역적 방법을 주로 사용합니다. 과학은 추측된 명제를 관찰과 실험을 통해 결론에 도달하는 귀납적 방법을 주로 사용한다는 점에서 차이가 있습니다.

두 증명 방법 외에 수학 증명에 자주 사용되는 방법은 귀류법(歸謬法)입니다. 예상되는 결과의 반대를 가정하고 그 주장이 잘못된 것임을 증명하는 방법입니다. 직접 증명하기 힘들 때 간접 증명을 사용하는 방법입니다. 수학자 하디(Godfrey Harold Hardy, 고드프리 해롤드 하디, 1877~1947)는 귀류법을 체스 게임에 빗대어 '체스를 두는 사람은 병(pawn), 말(knight) 따위를 희생시키며 경기를 풀어가지만, 귀류법의 논리를 펴는 수학자는 게임 자체를 담보로 잡힌 채 경기를 진행한다'고 말했습니다. 한자로는 오류로 귀착된다는 뜻이고, 영어로는 'Proof by contradiction (모순에 의한 증명)'이라고 표현합니다. 대표적인 사례는 $\sqrt{2}$를 유리수라고 가정하고 유리수가 아닌 이유를 찾는 증명입니다. 수학자 힐베르트(David Hilbert, 다비트 힐베르트, 1862~1943)는 "수학자에게 귀류법을 뺏는 것은 천문학자에게 망원경을 빼앗는 것과 같다"라는 말로 귀류법에 대한 각별한 애정을 표현합니다. 귀류법이 모순(불가능한 것)을 찾아내고 이를 배제함으로써 답을 찾아내는 방법이라고 한다면, 이러한 사고방식을 범인을 잡는 데 적절히 이용한 탐정은 셜록 홈스입니다. 홈스는 "불가능한 것을 제외하고 남는 것. 아무리 있을 법하지 않아도 그것이 바로 진실이다"라고 이야기합니다.

수학에서 증명을 향한 열정은 다른 증명의 기준인 공리까지 증명의 대상으로 삼기도 합니다. 유클리드의 공리에 오류가 있을지도 모른다는 생각이 19세기에 들어와서 생겨나기 시작합니다. 앞에서 설명한 평행선 공리의 오류도 이런 과정의 결과물입니다. 더 나아가 1930년 오스트리아의 수학자 괴델(Kurt Gödel, 쿠르트 괴델, 1906~1978)은 공리를 증명할 수 없다는 근거로 수학의 불완전성을 이야기합니다. 정리는 공리에 의해 모순 없이 도출되고 증명되어야 합니다. 무모순성의 추구가 기본 바탕이 되어야 합니다. 그런데 수학자 힐베르트에 의하면 참과 거짓이 동시에 증명되는 명제는 있을 수 없습니다. 만약 1+1=2이면서 동시에 1+1≠2라면 세상이 무너지는 일이 아닐까요? 괴델은 이런 힐베르트의 주장을 결정적인 반론을 제기합니다. 1931년 괴델은 '불완전성 정리'를 통해 산술을 포함하는 논리체계에는 증명할 수 없고 부정할 수도 없는 명제가 있다고 주장합니다. 조금 어려운 내용이지만 결론만 정리하면 이렇습니다. ① 모든 정리를 유도해낼 수 있는 공리계는 존재할 수 없다. ② 어떠한 공리계의 무모순성(모순이 없음)은 그 공리계 내에서는 증명할 수 없다. 정리하면 '모든 것을 설명하고 지배하는 공리계는 존재할 수 없다'는 것입니다.

조금 쉽게 이해하자면, 거짓말쟁이의 역설(Liar Paradox)과 비슷합니다. "나는 거짓말쟁이야"라고 누가 말했다면 듣는 사람은 당황할 수밖에 없습니다. 만약 그가 정말 거짓말쟁이라면, 사실은 그가 정직한 사람이라는 뜻이 됩니다. 논리의 모순이 생깁니다. 그와 반대로 그가 거짓말쟁이가 아니라면 이 말은 참말이 됩니다. 그럼 그의 말대로 거짓말쟁이라는 뜻이 됩니다. 다시 모순입니다. 즉 그의 말이 참말인지 거짓말인지를 결정할 수가 없습니다. 마찬가지로 괴델도 산술을 포함하는 논리체계가 무모순임을 스스로 증명할 수 없다고 이야기입니다. 어떤 수학자는 괴델의 정리를 '수학의 원죄'라고 묘사하며 "기독교 신자들이 원죄를 알고 있듯, 수학자들도 똑같이 저절로 흔들리는 불안한 기반을 안다. 그런데도 수학자들은 자기의 정리가 영원한 진리의 천국을 발견하기를 늘 희망하면서 계속 책을 쓰고 자신의 명제를 증명한"다고 이야기합니다. 어떤 수학자들은 괴델의 정리도 정리일 뿐이라고 이야기합니다.

무리수는 존재한다

앞에서 보인 기하학의 증명에서 사용한 비례나 화음을 표현하는 데 나타난 정수비에서 보듯이 피타고라스 학파를 비롯한 그리스인 학자들에게 비율은 이상적인 것이었고, 동시에 아름다운 것입니다. 비(比)를 뜻하는 라틴어는 라티오(ratio)인데 여기에서 파생된 형용사가 합리적(이상적)을 가진 ratioal입니다. rational number(래셔널 넘버)는 '이성적인 수'라는 뜻과 원래의 뜻인 '두 정수의 비 또는 비율로 나타낼 수 있는 수'라는 두 가지 모두 가지고 있습니다. 유리수의 '유리(有理)'는 '사리에 맞다' 또는 '이치가 있다'라는 뜻을 좇아 번역한 것입니다. 유클리드는 《원론》에서 유리수와 무리수에 대해 말하며 자연수와 자연수의 비로 나타낼 수 있는 수와 나타낼 수 없는 수로 구분하여 정의하였습니다. 유클리드 정리대로 한다면 '유비수', '무비수' 정도가 맞는 표현일 듯싶습니다.

무리수의 발견은 필연적이었습니다. 피타고라스 정리를 다양하게 적용하는 과정에서 두 변의 길이가 1인 경우를 만나게 됩니다. 빗변 길이의 제곱은 1+1, 즉 2가 됩니다. 제곱근(제곱하여 그 수—여기서는 2가 되는—수)을 찾기 위해 다양한 분수를 적용하려고 하지만 아무리 많이 헤도 구할 수가 없었습니다. 피타고라스의 제자 중의 한 명인 히파수스(Hippasus)는 이 수의 '발견'과 관련하여 죽임을 당합니다. 학파의 동료들은 모든 수는 분수 형태의 유리수로 나타낼 수 있다는 믿음이 강해서 제곱근을 유리수로 나타낼 수 있을 것으로 믿었습니다. 이런 집착이 아니었다면 $\sqrt{2}$가 유리수가 아님을 쉽게 알 수 있었을 겁니다. 고대에는 지금과 같은 수식 기호가 없었을 테니 말로 증명과정을 풀어 보겠습니다.

"제곱의 값이 2인 어떤 수가 있다. 이때 이 수를 유리수라고 하자. 유리수의 분모와 분자 둘 중 하나는 홀수여야 한다. 둘 다 짝수라면 분모와 분자 모두 2로 나누어지기 때문에 나누다 보면 둘 중 하나가 홀수로 되어야 한다. [(분자)나누기(분모)]의 제곱이 2인 수가 있다. (분자의 제곱)나누기(분모의 제곱)의 값이 2인 것과 같은 식이다. 아래 분모 부분을 2가 있는 쪽으로 넘기면 (분자의 제곱)은 (2)곱하기(분모의 제곱)과 같다. (분자의 제곱)은 2의 배수로 짝수이다. 어떤 수의 제곱이 짝수이면 그 수도 짝수이기 때문에 분자는 짝수가 된다. 홀수는 제곱하면 홀수가 되기 때문이다. (분자)가 짝수라면 (분자)는 2의 배수로 표현할 수 있다. (분자의 제곱)은 [(2의 배수)의 제곱]으로 표현할 수 있고, 정리하면 4 곱하기 (어떤 수)로 나타낼 수 있다. 앞에서 오른쪽은 2(곱하기)(분모의 제곱)이므로 양 쪽에서 2를 나누어 식을 정리할 수 있다. 그러면 2 곱하기 (어떤 수의 제곱)은 (분모의 제곱)과 같은 값이다. 결국 (분모의 제곱)도 짝수가 되고, 분모는 짝수가 된다. 분자와 분모 모두 짝수이므로 원래 유리수라고 한 가정은 틀리다. 즉 $\sqrt{2}$ 는 무리수이다."

어렵게만 느껴지는 수학 기호도 막상 없을 때는, 이해하기가 더 쉽지 않다는 것을 확인할 수 있습니다. 수학 기호를 사용해서 비슷하게 과정을 담으면 다음과 같습니다.

"밑변과 높이가 1인 직각삼각형에서 빗변의 길이를 x라고 하면, 피타고라스의 정리를 통해 $x^2=1^2+1^2$으로 놓을 수 있다. 이때 x를 유리수라고 하면 어떤 정수 p, q의 비, 즉 $\frac{q}{p}$로 표현할 수 있다. 이때 유리수는 유일한 정수의 비로 표현할 수 있어야 한다. 그래서 p, q가 둘 다 짝수라면 유일한 정수의 비가 아니라 다시 나눌 수 있는 수가 된다. 그래서 두 수 중의 하나는 홀수여야 한다.

이제 $x^2=2$를 유리수라고 가정했으므로, x에 $\frac{q}{p}$를 대입하면 $\frac{q^2}{p^2}=2$, 양변에 p^2을 곱하면, $q^2=2p^2$이 된다. 이때 q^2이 짝수이므로 q도 짝수가 된다. 홀수의 제곱은 홀수이기 때문이다. q가 짝수라면 어떤 수 r의 2배라고 할 수 있으므로 $(2r)^2=2p^2$으로 표현할 수 있다. $4r^2=2p^2$이 되고, $2r^2=p^2$이 된다. p^2이 짝수이므로 p도 짝수가 된다. 결국 x는 유리수가 아니다."

제곱이 2가 아닌 다른 수에 대해서도 이 방법을 통해 무리수임을 증명할 수 있습니다. 먼저 반대 상황을 가정하고 그 가정이 틀렸음을 증명한 귀류법을 이용하고 있습니다.

무리수는 일상생활에서도 쉽게 발견할 수 있습니다. 우리가 사용하는 종이(복사용지)를 자를 때도 무리수가 사용됩니다. 큰 종이를 나눌 때 가장 낭비 없이 사용하는 방법이 있습니다. 종이를 841cm×1,189cm 크기인 종이는 A0 용지라고 합니다. 반씩 접을 때마다 숫자가 1씩 커집니다. A0→A1→A2→A3… 1은 한 번, 2는 두 번, 3은 세 번을 접었다는 뜻입니다. 우리가 가장 많이 쓰는 A4 종이는 네 번 접은 종이 크기입니다. 210cm×297cm 크기인 이 종이의 가로 세로의 비율은 $1:\sqrt{2}$, 즉 1:1.414에 가깝습니다. 다른 크기의 종이도 같은 비율을 갖습니다. 반절로 잘라도 그 비율이 유지되려면 $1:\sqrt{2}$가 되어야 하기 때문입니다.

카메라 렌즈에는 F1.4, F2, F2.8, F4, F5.6 등과 같은 숫자가 표시된 것을 볼 수가 있습니다. 렌즈의 초점 거리를 나타내는 표현인데 $\sqrt{2}$의 근삿값인 1.4를 곱하여 만든 표시입니다. 조리개를 이렇게 만든 이유는 조리개의 값이 커지면 렌즈가 좁아지고, 작아지면 반대로 커지기 때문입니다. F값을 한 단계 늘리면 조리개가 렌즈를 적당히 가려 빛이 들어오는 부분의 넓이를 반으로 만듭니다. 원의 넓이는 πr^2으로 빛이 들어오는 렌즈의 넓이가 반으로 줄기 위해서는 반지름 r이 $\sqrt{2}$배 만큼 줄어야 하기 때문입니다.

피아노에서도 $\sqrt{2}$ 가 존재합니다. 피타고라스는 서양 음악의 7음계를 만들었는데 현대는 이 7음계에 도#, 레#, 파#, 솔#, 라#을 추가하여 12음계를 구성해서 사용하고 있습니다. 낮은 도와 높은 도는 진동수의 2배가 차이가 납니다. 이를 토대로 진동수를 비교한다면 파#의 진동수는 낮은 도의 진동수의 $\sqrt{2}$ 배가 됩니다. 또한, 파#의 진동수에 다시 $\sqrt{2}$ 를 곱하면 높은 도의 진동수가 나옵니다.

지금처럼 무리수가 인정받기 전인 그리스 시대에는 수라는 표현 대신 '크기'라고 표현하기도 했습니다. 무리수는 소수 형식으로 표현하면 '어떤 값이 나올지 모르며 끝나지 않는 소수', 즉 반복하지 않는 무한소수입니다. 순환하지 않는 무한소수는 끝을 알 수 없으므로 아주 작은 눈금을 가진 자를 상상해도 결코 정확한 크기를 '잴' 수 없습니다. '잰다'라는 말은 잴 수 있는 공통단위가 있어야 합니다. 소수점 이하의 작은 수들은 분수로 표현할 수 있습니다. 0.00001은 $\frac{1}{100000}$ 과 같습니다. 만약 소수점 이하의 끝자리가 정해져 있다면 아무리 작은 수라도 분수로 모두 표현할 수 있습니다. 분수로 표현한다는 것은 그것에 맞는 측정 단위를 만들 수 있습니다. cm= $\frac{1}{100}$ m, mm= $\frac{1}{1000}$ m, nm= $\frac{1}{1000000000}$ m처럼요. 그런데 끝이 없다면 단위를 만들 수 없을 겁니다. 무리수는 언제 끝날지 모릅니다. 하지만 무리수도 길이는 있습니다. $\sqrt{2}$ 는 밑변과 높이가 1인 삼각형의 빗변으로 도형을 그릴 수 있어 '길이'가 실제로 있습니다. 그래서 무리수는 길이는 있지만 측정할 수 없다고 말하기도 합니다.

3. 수를 다루는 방법의 역사

0은 수학의 위대한 발명이다

오늘날에 0은 너무 당연한 수이지만, 고대에는 그렇지 않았습니다. 아리스토텔레스는 0을 가리켜 '규칙에서 벗어난 수'라고 하였습니다. 나눗셈할 때, 임의의 수를 0으로 나누면 당시로는 도저히 이해할 수 없는 결과가 초래하였기 때문입니다. 그렇지만 자릿수를 표현하기 위해서 0이 만들어져 사용되기 시작했습니다. 두 자리 이상의 숫자를 표현할 때 0은 큰 역할을 합니다. 0이 없을 때 1074라는 숫자는 '1 74'라고 표현했습니다. 이렇게 되면 이 수가 말하는 것이 1과 74인지, 1074인지 정확하지 않습니다. 인도에서는 자리를 표시하기 위해서 오래전부터 0을 사용해왔습니다. 다른 곳에서도 0과 같은 모양은 아니지만, 빈자리를 표시하는 방법이 사용되었습니다. 옛날 마야인들은 0을 표시하기 위해 조개껍데기 모양의 기호를 만들어 사용했고, 바빌로니아의 수학자들은 수판(주판)의 빈 곳을 표시하기 위해 비스듬한 쐐기문자를 사용했습니다.

0은 수학에서 가장 중요한 발명이라고 할 수 있습니다. '발견'이 아닌 발명이라는 표현은 0은 '없음'을 뜻하기에 자연에 '존재'하지 않기 때문입니다. 처음에는 빈자리를 표시하는 의미로 발명되었지만, 시간이 가면서 값의 '없음'을 나타내는 수로 발전했습니다. 자릿수의 의미를 넘어 0 자체의 의미를 처음 발견한 사람들도 인도인입니다. 인도 수학자들은 0에 자릿수를 표시하는 기능만 있는 것이 아니라, 그 자체가 고유한 수임을 간파했습니다. 1이나 2처럼 0 역시 엄연한 수로 존재한다고 생각한 거죠. 아무것도 없음을 나타내는 '수'로 다룹니다. 이전까지는 생각하기 힘들었던 '무(無)'의 개념을 도입한 것입니다.

고대 그리스 학자들의 우려처럼, 0은 기존의 사칙연산에 혼란을 가져옵니다. 덧셈이나 뺄셈은 0을 더하거나 빼거나 원래 상태를 그대로 있게 됩니다. 곱셈은 어떤 수든 0을 곱하면 0이 됩니다. 곱셈은 어떤 수를 그 횟수만큼 더하는 것과 결과가 같은데, 0을 곱하는 것은 아무것도 더하지 않았기 때문에 0이라고 해석할 수 있습니다. 문제가 되는 것은 나눗셈에 적용할 때입니다. 어떤 수를 0으로 나눈다고 해보죠. 존재하는 값인 어떤 수를 실존하지 않는 값인 0이 나눈다는 것은 무슨 의미일까요? 교과서에서는 이를 '불능'(불가능)이라고 이야기합니다. 나눗셈은 나눌 수를 나눔수가 몫의 횟수만큼 빼어가는 과정인데, 0은 빼는 의미가 없으므로 몫이 존재하기 힘듭니다. 그래서 불가능하다고 볼 수 있고, 얼마든지 해볼 수도 있게 됩니다. 6세기경 인도의 수학자들은 이 문제를 집요하게 파고들어 '무한대'라는 개념과 연결하였고, 7세기 학자 브라마굽타는 '임의의 수를 0으로 나눈 몫'을 무한대의 수학적 정의로 사용하기도 하였습니다.

0으로 0을 나누는 경우도 마찬가지로 혼란이 옵니다. $\frac{0}{0}$은 어떤 수일까요? 자연에서 $\frac{0}{0}$은 찾을 수 없고 의미도 찾기 힘들지만, 수학에서는 의미가 있습니다. 답은 어떤 수든 될 수 있다는 것입니다. 어떤 수든 0을 곱하면 0이 되기 때문입니다. 예를 들어, $\frac{0}{0}=x$는 $x\times0=0$과 같은 식이라고 생각하기 때문입니다. 거듭해서 곱한 값을 나타내는 지수를 표현할 때도 0은 묘한 상황을 연출합니다. 2를 네 번 거듭제곱한 수, 즉 2×2×2×2는 2^4로 나타냅니다. 이때 2는 밑이라고 부르고 4는 지수라고 부릅니다. 그런데 지수가 0인 경우는 어떻게 될까요? 2^0은 어떤 값일까요? 0일까요 1일까요? 답은 1입니다. $\frac{2}{2}$와 $\frac{4}{4}$는 2^0, 4^0로 표현할 수 있는데, 실제 값이 1이기 때문입니다. 더 나아가서 0^0값도 생각해 볼 수 있습니다. 0일까요 1일까요? 정의되지 않는 값일까요? 실제로 적용할 일이 생기지 않아 수학자들은 이 문제에 명확한 답을 내놓고 있지 않습니다.

이런 어려움에도 0의 활용성은 너무나 크기 때문에 사칙연산 외에도 다양한 경우에 사용하고 있습니다. 방정식에서는 우변(등호의 오른쪽 부분)의 값을 0으로 놓고 풉니다. 좌변의 값이 0이 되도록만 만족하면 되기 때문에 쉽게 방정식을 풀 수 있습니다. 만약 0을 사용하지 않는다면 우리는 특정한 값을 우변에 놓고 풀어야 하기에 풀이 과정이 더 어려웠을 겁니다. 여담이지만 셰익스피어는 0을 은유적으로 사용한 최초의 작가라고 할 수 있습니다. 그의 희곡 《리어왕》에서 '광대'가 리어왕에게 자신이 더 낫다며 이렇게 말합니다. "이제 그대는 수치가 없는 0이라네. 이제 나는 그대보다 낫다네. 나는 광대지. 그대는 아무것도 아

니야."(《리어왕》 1막 4장)

사칙연산에는 약속이 들어 있다

0과 마찬가지로 음수도 실제 존재하지 않기 때문에, 사람들은 쉽게 받아들이려 하지 않았습니다. 음수는 뺄셈하는 과정에서도 나올 수 있는 수이지만, 독립하여 존재할 때는 의미가 좀 다릅니다. -2처럼 혼자 존재할 때는 2를 빼라는 의미가 아니라 음의 정수 2를 나타냅니다. 음수는 17세기가 될 때까지는 인정받지 못했습니다. 고대 바빌로니아 지역에서는 방정식의 해 중에서 음수는 제외하고 양수만 인정했습니다. 고대 중국에서는 계산 막대를 이용해 계산하고는 했는데 더할 때와 뺄 때의 막대 색깔이 달랐습니다. 이때 음수를 표현할 때 숫자 막대 위에 또 하나의 막대를 두어 사용했는데 음수 개념을 가지고 있었다고 볼 수 있습니다. 고대 그리스의 수학자들은 음수를 불편해했습니다. 4세기경 유명한 대수학자 디오판토스(Diophantos, 200?~298?)는 음수를 방정식의 해로 인정하지 않았고, 인도의 수학자 바스카라(Bhskaara, 1145~1185)도 음수 해를 받아들이지 않았습니다. 그러나 다른 인도 수학자들은 빚(빌린 돈) 등의 회계를 할 때, 음수가 유용하다는 이유로 사용하였습니다.

음수의 의미를 생각하면, 계산식 2-1과 2+(-1)은 조금 다를 수 있습니다. 2-1은 사과 2개를 가졌는데 하나를 먹었을 때로 이야기할 수 있습니다. 2+(-1)도 같은 의미가 있지만, 2+(-1)은 (-1)+2와 같이 쓸 수 있습니다. 다른 사람에게 먼저 사과 하나를 빌렸는데 사과 2개를 가지게 되어 하나는 갚아야 하는 때에는 (-1)+2라고 쓰는 게 맞는 표현입니다. 괄호 하나만 넣었는데 의미가 많이 달라진다는 것을 알 수 있습니다. 이렇게 일상생활과 다르게 의미를 사용하는 용어는 또 찾을 수 있습니다. 자동차를 운전할 때 멈췄던 차가 움직이기 시작하면 '가속'한다고 하고 멈추면 '감속'한다고 말하지만, 물리학이나 수학에서는 둘 다 가속입니다. 일상 용어의 가속은 양의 가속이라고 하고, 감속은 음의 가속이라고 표현합니다. 이때 가속도를 나타내는 숫자 앞의 마이너스(-)는 줄어든다는 의미가 있습니다. 생활 언어와 달라서 혼동이 오지만, 이런 표현에 익숙해지면 간단한 기호로 더 많은 언어 표현을 담아낼 수 있다는 장점을 활용할 수 있습니다.

음수를 사용할 때 가장 어려운 부분은 곱할 때입니다. 두 양수의 곱 예를 들어, 2×2 하면 4가 되는데, (-2)×(-2)는 왜 –4가 아닐까요? 애초에 양수의 곱만 배웠는데, 이때는 곱에 따른 부호 변화를 생각할 필요가 없었습니다. 그래서 음수의 곱도 양수에서 그랬듯이 같은 종류이니 부호는 그대로 두고 값만 곱하면 되지 않을까 생각하게 됩니다. 그런데 이렇게 되면 2×(-2), (-2)×(-2) 모두 값이 –4가 되어, 2가 –2와 같은 값이라는 모순된 결론에 도달합니다. 애초에 수의 곱에서 같은 부호끼리 곱하면 양수, 다른 부호끼리 곱하면 음수라는 규칙을 배우고 수의 곱을 배웠다면 혼동이 없었을 것입니다. '두 음수의 곱은 양수'는 어떤 진리이기보다는, 모순되는 상황을 피하기 위해 이렇게 사용하자는 '약속'입니다. 음수끼리의 곱이 양수라는 규칙은 양수의 제곱근에 음수도 포함되는 근거가 됩니다. 즉 $\sqrt{4}$의 값은 2뿐만 아니라 –2도 포함합니다. $(-2)^2$, 즉 (-2)×(-2)도 4이기 때문입니다. 수학은 이렇게 사용하자는 '약속'(수학 교과서에는 약속이라는 표현보다는 그래야 한다는 식으로 묘사된 경우가 많습니다)들이 종종 나타납니다.

어떤 수에 음수를 곱하는 것을 그래프로 볼 때는 조금 더 어렵습니다. 음수를 곱한 결과를 그래프로 표시할 때는 방향이 반대로 바뀝니다. 다음 그림을 보면 이해가 쉽습니다. 2×2는 길이 2에 두 배의 크기를 가지는 점을 나타냅니다. 그런데 2×(-2)는 크기는 4로 같지만, 방향은 반대로 바뀝니다. 180도를 회전한 결과를 나타냅니다.

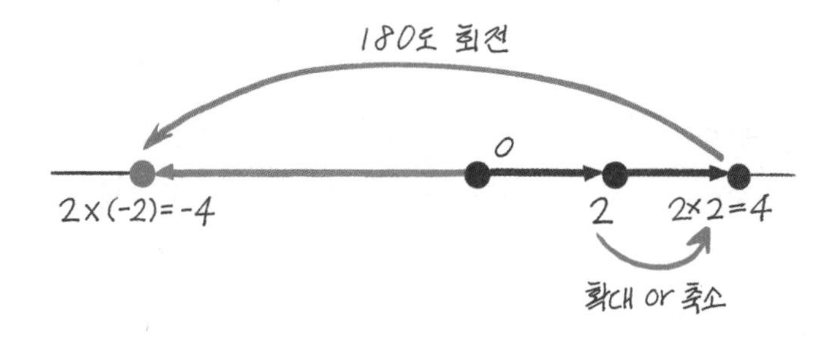

음수기호는 지수를 표현할 때도 사용되는 데 이 부분도 약속이라고 이해하면 됩니다. 지수를 표현할 때 지수는 그만큼의 제곱을 의미하는데, 분수인 경우가 문제가 됩니다. 예를 들어 1을 2의 제곱을 나눈 수는 $\frac{1}{2^2}$로 표현하는 게 맞는데, 다른 표현으로는 2^{-2}를 사용합니다. 지숫값이 음수일 때는 분모가 지수인 분수라는 의미로 이해하면 됩니다.

소수가 분수보다 더 유용할 때가 있다

소수(小數, decimal)는 각각의 자리에 놓인 숫자와 소수점을 통해 나타낸 실수입니다. 소수라는 표현은 중국 산학에 나오는 표현으로 1보다 작은 수를 뜻합니다. 정수와 소수가 합쳐진 형태가 있는데 이런 수를 대소수(帶小數)라 하고 앞의 예처럼 소수점 앞에 0 이외의 정수가 없는 소수를 순소수(純小數)라고 합니다. 한글 표현이 같지만 다른 소수가 있는데, 한자어는 소수(素數)입니다. 자신과 1을 제외하고는 약수가 없는 수를 뜻하여 구분이 필요합니다.

소수는 고대부터 알려졌지만, 시대마다 표기 방법이 달랐습니다. 16세기 네덜란드의 수학자이자 기술자였던 시몬 스테빈(Simon Stevin, 1548~1620)은 군대에서 군자금 관리하는 일을 했습니다. 그의 업무 중 하나는 은행에서 빌린 돈을 이자와 함께 갚는 일이었는데, 이자 계산에 늘 골치를 썩였습니다. 이자율을 분수로 계산해야 했기 때문입니다. 이자가 $\frac{1}{10}$일 때는 계산이 간단했지만 $\frac{1}{11}$, $\frac{1}{12}$일 때는 계산이 복잡해집니다. 스테빈은 이자의 분모를 10, 100, 1000 등 10의 거듭제곱 모양으로 바꿀 생각을 하게 됩니다. 예를 들어 이자율이 $\frac{1}{11}$(소수로 표현하면 0.09090)인 경우는 값이 거의 비슷한 $\frac{9}{100}$로 계산하고, $\frac{1}{12}$(소수로 표현하면 0.08333)인 경우 $\frac{8}{100}$로 계산을 하면 훨씬 간단하게 이자를 계산할 수 있게 됩니다.

스테빈은 1584년, 이자가 $\frac{1}{10}$ 에서부터 $\frac{5}{100}$ 까지의 여러 가지 경우를 계산한 표를 만들어 책을 내기도 했습니다. 스테빈은 여기에서 그치지 않고 두 소수의 크기 비교를 쉽게 하는 방법은 없을지 고민합니다. 그의 이자율 표에는 $\frac{56789}{10000}$ 처럼 분모와 분자가 모두 큰 수인 경우가 많은데, 이런 분수들은 어느 쪽이 더 큰지 한눈에 알아보기 어렵다는 단점이 있었습니다. 분모에 0이 몇 개 있는지, 분자가 몇 자리 수인지 동시에 알아볼 방법을 고안하여 소수(小數)를 만들었습니다.

그는 1585년 《소수에 관하여》를 출간하여 소수 개념과 표기법을 설명합니다. 소수의 각 자릿수를 ①, ②, ③…과 같은 원문자의 형태로 나타냈습니다. 예를 들어 5.9123을 표현할 때 5⓪9①1②2③으로 표현하는 방식입니다. 스위스의 수학자인 요스트 뷔르기(Jost Bürgi, 1552~1632)가 최초로 점을 사용합니다. '12.345'를 12.3.4.5와 같이 여러 개의 점을 사용해 나타냈습니다. 현재와 같은 소수점을 최초로 쓴 사람은 독일의 수학자 클라비우스(Christopher Clavius 크리스토퍼 클라비우스, 1538~1612)입니다. 당시 네덜란드는 동인도회사를 세워 전 세계 무역에서 큰 역할을 하고 있었기 때문에 소수 체계는 다른 나라들에도 급속하게 확산하였습니다. 그런데 나라마다 소수점의 위치가 다릅니다. 우리나라, 미국 등에서는 2.345와 같이 소수를 표시하며, 영국에서는 2·345와 같이 소수점을 숫자의 가운데에 찍어서 나타내고, 프랑스와 독일과 같은 나라에서는 2,345와 같이 콤마(,)를 이용하여 나타냅니다. 프랑스와 독일은 거꾸로 천 단위를 표현할 때는 마침표(.)를 사용합니다. 우리나라와 콤마(,)와 마침표(.)를 거꾸로 사용하는 셈입니다.

소수는 소수점 아래 몇 자리까지만 값을 가지는 유한소수, 끝없이 계속되는 무한소수가 있습니다. 무한소수는 0.333…, 1.2323…처럼 3, 23이 순환하는 무한소수와 무리수와 같이 순환하지 않는 무한소수로 나뉩니다. 순환하는 무한소수는 분수로 나타낼 수 있어 유리수에 속합니다. 순환소수에는 순환마디의 양 끝 숫자 위에 점을 찍어 $0.\dot{3}$, $1.\dot{2}\dot{3}$과 같이 간단히 표시합니다. 숫자에 점(·) 모자를 씌운 모양입니다. 순환하지 않는 무한소수는 $\sqrt{2}$와 같은 제곱근과 π와 같은 기타 무한소수로 나뉩니다. 무리수를 소수로 표현할 때 소수점 3자리까지만 표현하는 경우가 많은데 정확한 값은 아닙니다. 그런데 제곱근의 경우에 제곱한 값은 정수 형태입니다. 그래서 제곱한 값에 특수한 기호인 루트(√)를 씌워 주로 사용합니다.

제곱근에 표시하는 루트라는 용어는 뿌리라는 뜻의 영어 root에서 나왔습니다. root의 앞 글자 r이 변환되어 √로 쓰고 있습니다. 읽을 때는 '루트'라고 하거나 '의 제곱근'으로 읽습니다. 처음 루트를 사용한 수학자는 콰리즈미(Al Khwarizmi, 알 콰리즈미, 783?~850?)인데 그의 책 《약분·소거 계산론》에서 제곱근을 '자드르'라고 불렀습니다. '자드르'는 '근본·기반·뿌리' 등을 뜻하는데 이것에 유럽에 전해지면서 '뿌리'라는 뜻의 라틴어 단어 '라딕스(radix)'로 번역되고 다시 영어 root(루트)로 바뀌었습니다. 그 외의 무리수 중에 자주 쓰는 수들은 특수한 기호를 사용합니다. 원주율 π와 자연상수 e 같은 경우입니다.

분수와 소수의 관계 중에 당혹감을 주는 사례가 있습니다. 예를 들어 $\frac{1}{3}$을 소수로 표현하면 0.33333…으로 무한히 이어집니다. 식으로 쓰면 $\frac{1}{3}$=0.3333…이라고 표현하여 사용합니다. 문제는 양변에 3을 곱할 때입니다. 1=0.999999…처럼 되어 혼란스러움을 느낍니다. 0.99999…를 두고 수학자들은 1이라고 확신(?)하고, 일반인들은 다르다고 생각합니다. 둘의 차이는 소수점 밑의 값이 언젠가 끝날 거냐 아니냐의 차이에 있습니다. 무한은 끝이 없습니다. 그래서 두 수 사이에 0.000…1이라는 차이가 나는 수를 찾을 수 없습니다. 뒷부분의 '무한' 설명에서 자세히 살펴보겠지만 수학에서 무한을 만나게 된 경우에는 '극한' 또는 '수렴'이라는 개념을 이용합니다. 즉 0.999999…는 1로 수렴하며 1과 다르지 않다고 생각합니다. 수렴은 어떤 일정한 값에 한없이 가까워지는 것을 뜻합니다. 무한과 수렴의 개념을 이용하면 조금 거칠 수 있지만 '같다'고 인정합니다.

컴퓨터는 무한히 이어지는 소수 혹은 그런 소수에 해당하는 분수를 처리하지 못합니다. 아무리 길게 이어지더라도 어느 정도 범위까지만 처리합니다. 아직 인간의 수에 관한 상상력을 컴퓨터가 못 따라오는 부분도 있는 셈이지요.

배수로 증가할 때 실수하기 쉽다

앞에서 자주 사용하는 큰 수는 이름을 지어 부른다고 이야기했습니다. 그런데 천, 만, 억 등 표현을 쓰는 이유는 무엇일까요? 얼마만큼 큰 수인지를 표현을 통해 전달하기 위해서입니다. 특히 화폐의 경우에는 얼마만큼 큰지 아는 게 중요하니까요. 그런데 '1만 곱하기 1만'을 물으면 보통 사람은 바로 대답하지 못합니다. 그런 큰 단위를 자주 사용하지 않기 때문입니다. 답은 1억이죠. 숫자로 환산하면 비교적 쉽게 이해할 수 있습니다. 서양은 천(1,000) 단위로 끊어서 읽고 동양권에서는 만(10,000) 단위로 끊어 읽고 있습니다. 끊어 읽는 단위는 10의 자릿수로 표현할 수 있습니다. 1만은 10^4이고 1억은 10^8입니다. 1만 원짜리 상품을 1억 개 팔았을 때, 판매액은 얼마일까요? 1조 원입니다. 우리 화폐 단위가 만, 억, 조, 경, 해로 가고 4자리씩 올라가니까, 1만 원 곱하기 1억은 4자리와 8자리를 더해서 12자리인 1조 원이 됩니다. 큰 수를 곱할 때 지수가 얼마나 편한지 알 수 있는 사례들입니다.

중세 시대까지는 똑같은 수를 곱하는 제곱을 표시할 때 말로 표현했습니다. 그러다가 표기법을 발전시킵니다. 프랑스인 슈케(Nicolas Chuquet, 니콜라스 슈케, 1445~1488)는 그의 책 《수 과학에서의 세 부분》에서 위첨자를 사용하여 수의 거듭제곱을 표시했습니다. 다만 문자와 소수점을 사용했기에 지금의 표기와는 매우 달랐습니다. 데카르트는 세제곱 이상에서는 지금과 같은 표현을 썼는데 제곱은 xx를 주로 썼습니다. 독일의 수학자이자 물리학자인 가우스(Carl Friedrich Gauss,

카를 프리드리히 가우스, 1777~1855)가 x^2을 쓰기 시작한 후 이 표기가 표준이 되어 현재까지 이어집니다.

지수에서 제곱하는 수를 '밑', 제곱하는 횟수를 '지수'라고 부릅니다. a^x의 경우 a가 밑, x가 지수입니다. 아르키메데스는 자신의 책 《모래의 책》에서 현재와 유사한 지수법칙을 다루었습니다. 슈티펠(Michael Stifel, 미하엘 슈티펠, 1486~1567)은 그의 저서 《산술총서》에서 분수의 분모가 거듭제곱인 경우에는 지수에 음수를 넣는 음의 지수 개념을 최초로 도입하였습니다. 지수 표현의 편리함을 직접 계산을 통해 살펴보죠. 10,000과 100,000,000을 곱하면 1,000,000,000,000이 됩니다. 1만과 1억을 곱하면 1조가 되는 것과 같은 결과이지만 막상 계산하려면 조금 복잡하게 느껴집니다. 이를 지수로 하면 $10^4 \times 10^8 = 10^{12}$로 간단하게 값을 구할 수 있습니다.

지수 형태 수의 곱은 두 지수 4와 8의 덧셈으로 나타낼 수 있다는 것을 알 수 있습니다. 이를 일반적으로 표현하면 $a^m \times a^n = a^{m+n}$이 됩니다. 나눗셈의 경우는 $\frac{10^8}{10^4}$은 10^4이 됩니다. 1억을 1만으로 나누면 1만이 되는 것과 같습니다. 일반식으로 표현하면 $a^m \div a^n = a^{m-n}$이 됩니다. 이때 m이 0인 경우, 즉 a^m이 1인 경우에는 a^{-n}만 남게 됩니다. 지수인 수를 제곱하면 어떻게 될까요? 8을 제곱하면 64가 됩니다. 8은 2^3입니다. 8의 제곱을 지수 형태로 표현하면 $(2^3)^2$이 됩니다. 이때는 덧셈이 아닌 곱셈을 하여야 합니다. 64는 2^6이니 바로 확인할 수 있습니다. 제곱근은 어떻게 표현할 수 있을까요? $\sqrt{2}$의 제곱 식으로 표현하면 $(\sqrt{2})^2$은 2와 같습니다. $\sqrt{2}$의 지수표현은 어떻게 될까요? 2는 2^1과 같은 표현이니까, 2를 곱해서 1이 되는 수는 $\frac{1}{2}$입니다. 따라서 $\sqrt{2}$를 지수로 표현하면 $2^{\frac{1}{2}}$이 됩니다.

자연수의 거듭제곱을 표현할 때는 밑인 a는 0보다 크고 1이 아니며, x는 자연수를 주로 사용합니다. 방정식이나 함수에서는 지수 모양 형태를 더 다양하게 활용하며 밑이나 지수 모두 실수를 사용합니다. 상수에 다양한 지수를 보이는 형태는 a^x(a는 상수)입니다. 반면에 밑을 미지수로 하고 지수를 상수로 이용할 때는 x^a가 됩니다. 밑과 지수가 서로 맞바꾸었다고 생각하면 됩니다. 방정식이나 함수를 표현할 때는 지수의 숫자(상수 a) 값이 2냐, 3이냐에 따라 각각 2차, 3차 (방정식/함수)로 읽습니다.

기하급수라는 표현이 있습니다. 기하라는 표현은 주로 면적, 즉 길이의 곱으로 변하는 상태를 설명할 때 관용적으로 쓰는 표현입니다. 기하학이 땅 넓이를 구하는 데에서 시작했고, 넓이는 길이에다가 길이를 곱하는 데서 시작되었기 때문에 수의 곱이 나타나는 사례들에는 기하(geometric)라는 이름이 자주 붙습니다. 급수의 한자어나 영어 표현(series)으로는 뜻을 바로 이해하기 힘듭니다. 급수는 더해지거나 곱해지며 증감하는 수의 나열을 뜻합니다. 급수의 항들은 첫 번째 항과 이어지는 항들로 이루어지는 데, 두 번째 부터는 바로 앞의 항의 값과 앞의 항의 규칙에 따르며 증가하는 항을 더해지는 형태로 이루어집니다. 일상에서 우리가 쓰는 기하급수는 인간이 감당할 수 없을 정도로 폭발적으로 증가하는 상태를 설명하는 관용 표현입니다. 기하급수의 '감당할 수 없'는 상태를 보여주는 다양한 사례들이 있습니다.

그리스 로도스(Rhodes)섬에는 세계 7대 불가사의 중 하나인 헬리오스 청동 거상(Colossus)이 있었다고 합니다. 기원전 304~기원전 292년까지 12년에 걸쳐 란도스의 조각가 카레스가 만들었던 청동상은 높이가 15m였는데, 기원전 225년 지진으로 붕괴했습니다. 로도스섬은 알렉산더 대왕의 공격을 물리친 후, 자축하는 과정에서 멋진 기념상을 제작하기로 했는데, 카레스는 15m짜리 청동상을 만들 계획이었습니다. 로도스섬 사람들이 두 배 크기로 만들자고 제안하고 가격을 물었습니다. 카레스는 "두 배쯤이면 되겠지요"라고 말합니다.

하지만 제작이 진행되자 카레스는 자금이 바닥납니다. 3차원 조각을 두 배 크기로 키우면 어떤 일이 일어날까요? 길이가 두 배가 되면 부피는 8배가 됩니다. 카레스는 두 배가 아닌 여덟 배의 가격을 받고 제작했어야 했습니다. 인도에도 비슷한 일화가 있습니다. 옛날 인도에 어떤 왕이 있었는데 워낙 전쟁을 좋아하여 백성들이 늘 불안했다고 합니다. 그래서 세타라는 승려는 왕의 관심을 돌리기 위해 전쟁과 비슷한 규칙을 가진 체스를 만들었습니다. 병력의 많고 적음을 떠나 전략에 의해 승패가 좌우되는 변화무쌍한 게임 체스에 재미를 붙이게 된 왕은 진짜 전쟁을 그만두고 체스를 통한 축소판 간접 전쟁을 즐겼습니다.

왕은 재미있는 게임을 소개한 세타에게 답례하기 위해 무엇이든 원하는 것을 하사하겠다고 약속합니다. 세타는 체스판의 첫째 칸에 밀 1알, 둘째 칸에 2알, 셋째 칸에 4알과 같이 두 배씩 밀알을 늘려 64칸을 채워달라고 요구합니다. 왕은 소박하다고 생각하고 받아들이지만, 체스판의 칸은 64개이기 때문에 마지막 칸에 들어가야 할 밀알의 수는 2^{63}개여야 했습니다. 계산해 보면 9,223,372,036,854,775,808개나 됩니다. 80kg짜리 밀 한 가마니에는 약 800만 개가 들어가니 마지막 칸에 들어갈 밀은 1조 1,000억 가마니보다 많습니다.

배수가 가진 위력은 종이접기와 컴퓨터에서도 확인할 수 있습니다. 두께가 1mm인 종이를 몇 번 접으면 약 380,000km인 지구와 달까지의 거리에 도달할 수 있을까요? 42번 접으면 됩니다. 직접 계산해 볼 수 있습니다. 380,000km를 mm로 환산하면 3.8×10^{11}mm이 됩니다. 웹 계산기를 통해 2를 입력한 후에 x^y를 누른 후, 숫자를 늘려가다 보면 39번 접으면 5.4×10^{11}이 된다는 것을 알 수 있습니다. 컴퓨터에 핵심인 반도체의 성능이 매년 배수만큼 성능이 좋아졌습니다. 그래서 지금은 손안으로 들어온 컴퓨터인 핸드폰이 10년 전의 대형 컴퓨터보다 성능이 더 좋습니다. 결론적으로 배수로 늘어가는 상황을 정확히 알려면 직관은 틀릴 수 있으니 지수를 사용하는 것이 현명합니다.

로그는 근대의 슈퍼컴퓨터였다

로그(log)는 고대 그리스어 로거리듬(logarithm)의 약어로 '계산' 또는 '비'라는 뜻이 있습니다. 로그는 큰 수를 다루기 위한 필요로 만들어졌습니다. 천문학이 발달하면서 큰 수를 처리하는 경우가 많아졌습니다. 처음 로그식을 만든 인물은 스코틀랜드의 네이피어(John Napier 존 네이피어, 1550~1617)였습니다. 그는 천문학자인 티코 브라헤(Tycho Brahe, 1546~1601)가 삼각함수를 이용해 곱셈을 덧셈으로 바꾸는 모습을 보고 깨달음을 얻습니다. 밑이 같고 거듭제곱한 두 수의 곱은 지수의 덧셈으로 바꿀 수 있다는 점으로 연결합니다. 네이피어는 지수를 로그로 바꾸는 방법을 생각해냅니다. 로그는 지수의 반대개념이라고 보면 됩니다. 2^x의 결괏값을 알고 있다면 x값을 알 수 있습니다. 예를 들어 $2^x=64$이면 $x=6$이 됩니다. 지수에서는 수의 값을 찾는 것이라면 로그는 지수 여기서는 6을 중심으로 식을 표현합니다. $6=\log_2{}^{64}$가 됩니다. 이 로그식은 $2^6=64$과 같은 뜻인데 지수를 앞으로 빼놓았다고 생각하면 됩니다.

단순히 표현만 바뀐 것 같은데, 로그가 필요할까라는 의문이 생깁니다. 지수가 밖으로 나온 것에 그 이유가 있습니다. 큰 수의 곱은 그 지수의 합을 이용하여 풀 수 있다는 것을 알고 있습니다. 그런데 지수가 자연수가 아닌 경우가 있습니다. 예를 들어 3,140,000,000라는 수는 지수로 표현하면 3.14×10^9이 됩니다. 더 나아가 3.14도 $10^{0.4969}$과 거의 값이 같아 밑이 10인 지수로 표현할 수 있습니다. 그러면 $3.14\times10^9=10^{0.4969}\times10^9=10^{9.4969}$로 표현할 수 있습니다. 이를 로그로는 $0.4969+9=\log3.14+\log10^9=\log(3.14\times10^9)$으로 표현할 수 있습니다.

여기까지는 별로 장점이 보이지 않습니다. 조금 더 복잡한 상황을 보면 장점을 볼 수 있습니다. 만약 3,140,000,000를 제곱한다고 해보죠. 지수로 표현하면 $(3.14\times10^9)\times(3.14\times10^9)$이 되어 복잡해 보입니다. 위의 계산은 $(3.14\times10^9)^2$과 같이 됩니다. 여기서 지수의 제곱은 지수에 곱한 것과 같으니, 지수를 앞으로 빼놓는 로그에서는 단순히 3.14×10^9의 지숫값에 2를 곱하면 됩니다. 이를 식으로 표현하면 $\log((3.14\times10^9)^2)=2\times\log(3.14\times10^9)$와 같게 됩니다. 이제 앞에서 구한 값을 넣으면 $\log((3.14\times10^9)^2=2\times9.4969=18.9938$로 간단히 정리할 수 있습니다. 다음으로 원래의 수를 찾으면 됩니다. 18.9938은 18+0.9938로 나눌 수 있습니다. 18은 10^{18}의 지숫값에 해당하니 0.9938에 해당하는 지수만 찾으면 됩니다. 이런 값을 우리가 구할 필요가 없습니다. 네이피어가 로그표를 만들어놓아서 우리는 사용하면 됩니다. 물론 지금은 컴퓨터가 다 계산해줍니다. 0.9938에 해당하는 수는 약 9.859입니다. 이제 값을 정리하면 9.87×10^{18}이 됩니다. 계산기로 한번 검증해보세요.

로그의 계산은 이렇게 미리 비슷한 근삿값을 구해놓고 유사한 값을 찾는 방법을 사용합니다. $10^{0.5}=10^{\frac{1}{2}}=\sqrt{10}$이라는 것을 알고 있습니다. $\sqrt{10}$의 근삿값은 3.162입니다. 3.14에 비해 약간 높은 값입니다. 그러니 지숫값은 0.5보다는 약간 작을 것입니다. 3.14에 해당하는 10의 지숫값이 0.4969인 것을 어느 정도 이해할 수 있습니다.

3.14×10^9에 로그를 취하는 과정을 다시 따라가 볼까요. 로그를 취

하면 $\log(3.14\times10^9)$가 됩니다. 밑이 같은 지수의 곱은 지수의 덧셈으로 다시 표현할 수 있습니다. $\log xy=\log x+\log y$, 즉 두 수의 곱에 대한 로그는 각각의 수에 대한 로그의 합으로 표현할 수 있습니다. $\log xy$는 $x+y$에 대한 지수이고, $\log x$는 x에 대한 지수, $\log y$는 y에 대한 지수에 해당하기 때문입니다. 두수의 곱을 덧셈의 형태로 변환하는 이 식은 로그의 필요성을 명확하게 보여줍니다. 큰 수를 두 수의 곱으로 나눈 후 각각의 지수를 구해 더하면 간단하게 구할 수 있기 때문입니다. 한번 계산해 볼까요. $\log(3.14\times10^9)=\log3.14+\log10^9=0.4969+9=9.4969$ 처럼 간단히 구할 수 있습니다. 곱셈보다 덧셈이 훨씬 계산이 빠르다는 점에서 곱셈을 덧셈으로 바꾼 것은 혁명적 발상이라고 할 수 있습니다. 큰 수를 다룰수록 큰 이익이 됩니다. 수학자 라플라스(Pierre Simon Laplace, 피에르 시몽 라플라스, 1749~1827)는 로그를 두고 "천문학자의 노동을 줄여줌으로써 그들의 수명을 두 배로 늘려주었다"라고 이야기합니다. 케플러나 뉴턴도 로그 사용 없이는 자신들의 발견에 도달할 수 있는 데이터를 얻지 못했을 것입니다. 지수의 나눗셈도 마찬가지로 로그를 이용하면 빠르고 쉽게 계산할 수 있습니다.[부록2]

로그는 다양한 수를 밑으로 할 수 있습니다. 그래서 원래는 log는 $\log_a$와 같은 형태로 쓰였습니다. 브리그스(Henry Briggs, 헨리 브리그스, 1561~1630)라는 기하학 교수는 기존의 로그보다 밑을 10으로 하는 로그가 더 실용적이라고 제안하여 10을 밑으로 하는 '상용로그'(common logarithm: 일상적으로 사용하는 로그)를 만들었습니다. 그래서 밑을 생략한 log만 사용하게 되었습니다. 미적분학이 발달하면서 10보다 자연상수 e를 이용한 로그의 활용이 높아져 자연로그가 만들어졌습니다. 자연로그는 log 대신에 자연을 뜻하는 national(내셔널)의 약어 'n'을 써서 ln으로 사용합니다. 역시 밑은 생략합니다.

자연상수 e를 처음 발견한 것은 로그를 만든 네이피어입니다. 그는 로그표를 작성하던 중 여러 가지 계산의 결괏값 중 하나로 e를 다루었을 뿐 오늘날처럼 상수로 취급하진 않았습니다. 표현을 e로 한 사람은 오일러(Leonhard Euler, 레온하르트 오일러, 1707~1783)인데, 스스로 "지수(exponettial)의 단어의 첫째 문자이기 때문에 제안"했다고 이야기합니다. 자연상수 e는 무리수입니다. 자연수가 그렇듯이 e는 자연에서 자주 발견된다는 의미를 담고 있습니다. e의 값은 2.71828…로 특별하지 않은 무리수 같지만, 아주 작은 사건들이 많이 모인 누적 효과를 통해 어떤 것이 변할 때 자주 등장합니다. 수학자 오일러를 따라 오일러상수, 로그 계산법을 발견한 네이피어를 따라 네이피어상수라고 부르기도 합니다.

수학자이자 과학자인 베르누이(Daniel Bernoulli, 다니엘 베르누이, 1700~1782)는 은행의 이자를 복리로 계산할 때 자연상수가 등장한다는 점을 발견합니다. 복리로 은행에서 받을 돈을 계산하는 식은 받을 돈=예치금$\times(1+\frac{i}{n})^{Yn}$으로 표현됩니다. 여기서 i는 1년 이자율(interest), Y는 몇 년(Year), n은 1년에 이자를 주는 횟수입니다. 원금 100만 원을 1년에 100%의 이자율로 예치했다고 해봅시다. 1년에 한 번만 이자를 준다고 하면 식은 받을 돈$=100\times(1+\frac{1}{1})^{1}$이 되어 계산하면 1

년 후에 200만 원이 됩니다. 2년이 지나면 400만 원이 됩니다. 그런데 분기별로 이자를 나눠서 준다고 하면 이자를 주는 횟수는 4가 되고 다른 값은 그대로입니다. 받을 돈= $100 \times (1+\frac{1}{4})^4$ 이고 약 244만 원이 됩니다. 1년마다 줄 때보다 늘어난 것을 알 수 있습니다. 만약 매월 준다면 어떻게 될까요? 받을 돈= $100 \times (1+\frac{1}{12})^{12}$ 이 되어 261만 원이 됩니다. 더 나아가 매일 이자를 준다고 하면 어떻게 될까요? 받을 돈= $100 \times (1+\frac{1}{365})^{365}$ 이 되어 271만 원이 됩니다. 이자 주는 기간이 짧을수록 더 많은 돈을 받을 수 있을 것 같지만, 기간이 짧아질수록 차이가 줄어드는 것을 알 수 있습니다. 시간 단위로 이자를 받는다면 어떻게 될까요? 이자를 받는 기간이 점점 짧아질수록 받을 돈은 예치금의 2.718배에 가깝게 됩니다. 자연상수 e의 값에 거의 일치합니다.

앞의 복리 계산에서 이자율을 1, 즉 100%이고 주기를 n으로 할 때의 식은 $\left(1+\frac{1}{n}\right)^n$ 이 됩니다. 이 식에서 n의 값이 ∞대로 갈 때의 값을 구한다는 의미를 식으로 표현하면 $\lim_{n \to \infty}\left(1+\frac{1}{n}\right)^n$ 이 됩니다. $\lim_{n \to \infty}$ 은 limit(리미트)의 약어인 lim을 넣은 표현입니다. 뉴턴의 유명한 저서 《프린키피아》에는 미적분학을 설명하면서 이 식을 유도하는 과정이 담겨 있습니다. 여기서 n의 값이 무한대에 가깝게 커질수록 e의 값이 정확해집니다. 작은 사건들의 누적효과라는 e의 특징과 값을 구하는 식에서 보이듯이 e는 급수의 형태로 표현할 수 있습니다. $e = 1+\frac{1}{2}+\frac{1}{1\times 2}+\frac{1}{1\times 2\times 3}+\dots+\frac{1}{1\times 2\dots\times n}$ 의 형태가 됩니다. 급수가 일반 수열과 다른 이유는 더하기가 있다는 점입니다. 항이 하나씩 늘 때마다, 이전의 값에 하나씩 더하는 성질의 수열이기 때문입니다. 이 급수에서 첫 번째 항은 1, 두 번째 항은 $1+\frac{1}{2}$, 세 번째 항은 $1+\frac{1}{2}+\frac{1}{1\times 2}$ 과 같이 되는 형태라고 생각하면 됩니다. 수학에서 n번째 항을 일반항으로 표현합니다. 특별한 뜻은 없고 수학의 표현법입니다. 정확한 유도 과정은 굳이 볼라도 되지만, 무리수처럼 딱 떨어지는 값이 없는 수를 다룰 때 급수로 표현할 수 있다는 것은 알아둘 필요가 있습니다.

지수와 로그 관련하여 흥미로운 이야기가 있습니다. 한 스포츠 기자가 100m 달리기 선수가 실력이 나아져서 기하급수적으로 나아졌다고 표현한 적이 있습니다. 기하급수는 배수로 증가해야 하는데, 이렇게 인간이 능력을 향상하는 사례는 찾기 힘듭니다. 정확한 표현은 100m 단거리 육상선수인 우사인 볼트의 속도가 '로그적으로 놀랍게 증가했다'라고 표현해야 합니다. 로그는 수가 커질수록 완만하게 커집니다. 예를 들어 10에서 10^2로 10배 증가했을 때는 로그값은 1→2로 증가하지만 10^7에서 10^8로 10배 증가했을 때, 로그값은 7→8로 1.1배 정도밖에 증가하지 않습니다. '로그적으로 놀랍게 증가했다'는 표현을 정확하게 이해하는 사람은 많지 않겠지만 수학을 이용해 정확한 상황을 설명한 표현입니다.

4. 수학 기호와 용어의 역사

중고등학교에서 수학을 공부할 때 사용되는 용어가 500개가 넘습니다. 이 중 순우리말은 10%가 안 되고, 대부분 한자를 한글로 음독하는데, 이는 수학을 어렵게 만드는 이유가 됩니다. 근대 수학이 유럽권에서 발전하면서 영어 표현으로 새로운 용어가 많이 만들어졌습니다. 라틴어와 프랑스어로 만들어진 것도 있지만, 주로 영어가 많이 사용되었습니다. 개화기에 중국에 간 선교사와 메이지유신으로 서구 문물을 빨리 받아들인 일본의 학자들은 한자어를 활용해 번역을 많이 했습니다. 한국은 한글이라는 뛰어난 문자가 있어 한자 사용이 적지만, 중국어는 한자어 기반이고 일본은 한자어와 일본어를 섞어 쓰는 방식이라 우리에게는 익숙하지 않은 한자어들이 많이 사용되었습니다. 수학뿐만 아니라 과학, 법 용어도 한국인에게는 익숙하지 않은 한자어가 많아 용어 표현이 바로 이해하기 힘든 이유입니다.

국내 학자 중에 이런 용어들을 한글화하기 위해 애쓰는 분들이 많지만, 이전의 용어들을 오랫동안 사용하다 보니 쉽게 바꾸지 못하고 있습니다. 어쩔 수 없이 우리는 낯선 한자어를 사용해야 합니다. 이런 경우 외국어를 공부할 때처럼 배워야 합니다. 번역의 뜻을 이해한 후에 자주 사용하여 익숙해지는 방법입니다. 낯선 표현과 이를 번역한 뜻을 반복하여 함께 읽다 보면 나중에는 용어를 읽기만 해도 저절로 뜻이 통할 수 있습니다. 그렇다고 모든 수학 용어를 다 공부할 필요까지는 없어 보입니다. 수학은 기본적으로 수식과 관련된 기호의 의미를 잘 이해하고 용어는 중요한 단어들을 중심으로 잘 활용할 수 있으면 됩니다. 중요한 점은 용어와 기호를 공부할 때 이야기 형태로 공부한다면 이해 뿐만 아니라 암기도 잘될 수 있다는 것입니다. 내용 설명 중에 용어와 기호 설명을 중간중간 넣었는데, 여기서는 중요한 개념이고 더 깊은 의미를 이해가 필요한 용어와 기호들을 따로 다루었습니다. 수학의 원리를 담은 용어와 기호만 잘 알아도 수학은 반 이상 이해하고 있다고 할 수 있습니다.

등호(=)

고대 이집트에서는 등호를 표현할 때 '~가 된다'는 말을 줄여서 표현했습니다. 중세 수학자 콰리즈미도 말로 표현했고, 16~17세기 유럽에서는 '같다'는 말 aequitas(애퀴타스)의 줄임 표현인 'aequ.'를 썼습니다. 1557년에 영국 수학자 로버트 레코드(Robert Recorde, 1510~1558)가 자신의 책 《지혜의 숫돌(The Whetstone of Witte)》에서 처음으로 '같음'를 뜻하는 기호 '=(Equals sign, 등호)'를 사용했습니다. 그는 '세상에서 2개의 평행선만큼 같은 것은 없다'고 설명합니다. 그가 사용한 기호는 평행선을 생각한 듯 오늘날의 기호보다 무척 길어 =========

모양이었습니다.

수학 용어에서 변(邊, side)은 다각형(일반적으로 2차원 평면)을 이루는 선분이라는 뜻과 등식이나 부등식에서 부호의 양편에 있는 식이나 수를 뜻합니다. 등호를 사용하는 경우 왼쪽은 '좌변'이라고 하고 오른쪽은 '우변'이라고 합니다. 등호가 들어간 경우를 '식'이라고 합니다. '식(式)'은 'expression(익스프레션)'의 번역어로 '수학적 관계를 나타내는 표현'이라는 뜻이 있습니다. 식은 크게 세 가지로 나눌 수 있는데 항등식, 방정식, 해가 없는 등식으로 구분할 수 있습니다. 항등식은 좌변과 우변이 항상 같은 경우를 말합니다. "1=1"과 같은 경우이죠. 오일러의 항등식 $e^{i\pi+1}+1=0$ 은 수학자들이 가장 아름다운 식으로 인정하고 있습니다. 《페르마의 마지막 정리》의 저자 사이먼 싱은 이 항등식을 두고 "어디에도 원은 없는데 원주율 π가 e곁으로 내려와 수줍음 많은 i와 함께한다. 그들은 서로 몸을 마주 기대고 숨죽이고 있는데, 한 인간이 1을 더하는 순간 세계가 전환된다. 모든 것이 0으로 규합된다"라고 이야기합니다. 오일러 항등식의 아름다움은 소설 《박사가 사랑한 수식》에 문학적으로 잘 표현되어 있습니다.

수학자이자 80분 밖에 기억을 못하는 박사는 가사도우미인 여성이 저녁 준비를 할 때 0에 관해 이야기한 적이 있는데, 0은 없음을 뜻하지만 존재하는 수라고 이야기합니다. 그리고 사람의 마음은 보이지 않아도 존재한다고 말합니다. 박사로부터 영향을 받은 가사도우미의 아들이 나중에 수학 교사가 되어 오일러 공식을 설명합니다. "π는 어디까

지나 한없이 계속되는 무리수입니다. 무한한 우주로부터 π가 e의 품으로 내려앉습니다. 그리고 부끄럼쟁이 i와 악수합니다. 그들은 몸을 가까이하고 가만히 있습니다. e도 i도 π도 결코 연관성이 없습니다. 하지만 한 사람의 인간이 단 '한 가지'(숫자 1) 더하기를 하면 세상은 바뀝니다. 모순되는 것들이 통일되어 제로(0)가 됩니다. 요컨대 '무(無)'로 끌어안게 됩니다."

여기서 $e^{i\pi}$ 은 2개의 무리수와 허수가 결합한 수입니다. 허수가 있기에 존재하지 않는 수라고 할 수 있습니다. 그런데 1만 더하면, 0이 됩니다. 결국, 보이지 않아 존재할 것 같지 않은 사람의 마음에 무언가를 더한다면 실체가 생긴다는 멋진 해석으로 연결됩니다. 소설에서 '한 가지'는 사랑으로 해석할 수 있습니다. 무리수와 허수가 함께하는 무질서의 조합으로부터 가장 간단한 수가 나오기 때문에 우주의 숨은 비밀을 잘 드러낸 수학식이라는 느낌을 줍니다.

수학에 어려움을 겪은 사람들은 아름답다거나 위대하다는 칭찬을 동의하기 힘들지 모릅니다. 수학에서 아름다운 공식으로 선정하는 판단 기준은 단순함, 간결함, 중요성, 놀라움을 근거로 합니다. 이 식에는 현대 수학에서 가장 중요한 기호와 수학의 의미들을 모두 포함합니다. 덧셈, 곱셈, 거듭제곱을 하나씩 골고루 포함합니다. 덧셈과 뺄셈 등을 처리하는 산술학은 0과 1에 의해 나타나고(단순함), 방정식 등을 푸는 대수학(변수를 사용하여 수학 관계를 연구하는 학문)은 기호 i에 의해, 기하학은 기호 π에 의해 그리고 미적분학 등을 포함하는 해석학(미적분학 등을 이용하여 함수의 연속성을 수량화하여 연구하는 분야)은 자연상수 e에 의해 나타납니다.(간결함) 수학의 가장 기본이 되는 개념들인 e, i, π, 1, 0을 오직 한 번씩만 사용해 단 하나의 식으로 표현하고 있습니다.(놀라움) 오일러 방정식은 파동을 설명할 때 사용되는 삼각함수를 포함하고 있어서 전기와 자기, 유체의 흐름 등 광범위한 부분에 꼭 필요한 식입니다.(중요성) 간결하면서도 명확하고 활용도가 높은 식이라고 할 수 있습니다.

등호를 이용한 식 중에서 가장 중요한 식이라고 할 수 있는, '방정식'의 이름은 《구장산술》에서 유래했습니다. 방정식의 영어 표현은 "equation(이퀘이션)"으로 '같다'는 뜻이 있습니다. 방정식은 반드시 등식(= equal)을 활용해야 하기에 붙인 이름입니다. 방정식(方程式)은 《구장산술》의 여덟 번째 장인 〈방정(方程)〉에 등장합니다. 방(方)은 직사각형 모양으로 배열한다는 뜻이고, 정(程)은 이렇게 배열한 계수(숫자와 문자의 곱한 형태에서 숫자를 말함)를 조작하여 해를 구하는 과정을 뜻합니다. 그런데 직사각형은 무슨 뜻일까요? 방정식은 2개 이상의 식을 연합해서 푸는 경우가 많은데, 이 방정식들을 네모난 모양으로 놓고 푸는 데서 유래한 듯합니다.

예를 들어 차, 쌀, 무가 각각 3개, 2개, 1개 있을 때 가격은 39원, 차, 쌀, 무가 각각 2, 3, 1개 있을 때는 34원, 차 쌀 무가 각각 1개, 2개, 3개 있을 때는 26원이라고 합시다. 이때 고대 중국인들은 이 문제를 풀 때, 그림과 같이 놓고 풀었습니다.

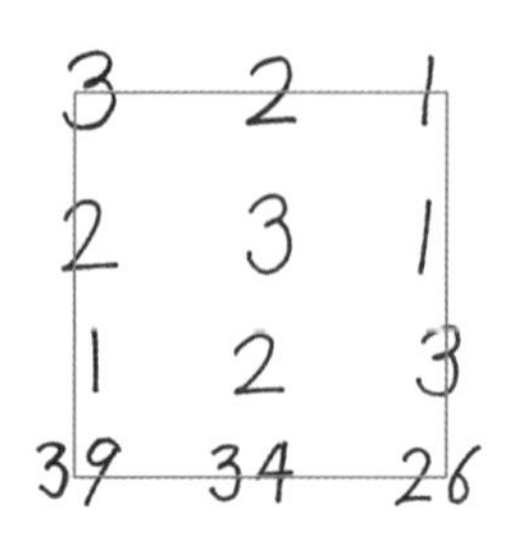

그래서 네모난 모양(方)이라는 한자어를 이용해 표현하게 된 것으로 이해할 수 있습니다. 이렇게 2개 이상의 연관된 방정식을 연립방정식이라고 부르는데, 방정식 안에 이미 연립의 의미가 들어있다는 점에서 중복이라고 할 수 있습니다. 명나라와 조선 시대에는 방정식을 세우는 방법인 '천원술'을 이용했고, 대나무 가지 등과 같은 계'산'하는 '나무'를 이용하는 '산목셈'을 이용하기도 했습니다. 이 도구는 현대의 주판과 기능이 비슷한 도구라고 생각할 수 있습니다.

항등식, 방정식 다음으로 해를 구할 수 없는 식은 식이 잘못되어 해가 없는 식을 말합니다. 다른 관점에서 식의 분류에는 속하지 않지만, 공식이라는 표현이 있습니다. 방정식이 풀어야 할 내용을 남겨 놓았다면 공식은 누구나 인정하는 식이니 '암기'해야 할 식입니다. 물론 유도과정을 따라 해본다면 더 잘 이해되고 외울 필요도 없지만 어떤 공식은 수학자가 아니면 유도과정을 따라가기가 쉽지 않습니다. 수학 교과서에서 가장 많이 쓰는 공식은 원둘레=$2\pi r$, 근의 공식 같은 경우입니다. 공식의 대부분은 우변의 풀이 과정을 거쳐서 값을 구하는 형식을 취합니다. 일종의 결괏값을 내놓는다는 점이 방정식과는 조금 다른 의미가 있습니다. 식이라는 표현이 들어 있지 않은 '함수'를 뒷부분에서 볼 텐데, 좌변보다 우변이 중요한 점에서 함수와 공식이 일치하는 점이 있습니다.

비슷하지만 다른 용어

[미지수와 변수]

변수는 값이 확정되지 않은 수를 말합니다. 방 안에 있는 남자의 수를 x(아직 그 값을 모르는)라고 하고, 여자의 수를 $2\times x$라고 해봅시다. 나중에 x가 7인 것을 알게 된다면, 여자의 수는 $2x$로 14임을 알 수 있습니다. 이처럼 값이 변하는 수를 변수라고 하고, 알려지지 않은 값을 뜻하는 미지수는 이 변수의 값을 구하였을 때의 수를 말합니다. 방정식을 포함하여 x와 같은 미지수를 다루는 수학을 대수학(代數學) 이라고 합니다. '대수'는 수를 대신한다는 뜻이 있습니다. 수학은 대수학과 기하학을 중심으로 발달하였는데 두 수학 분야는 서로 영향을 미치며 발전했습니다. 기하학의 내용은 방정식으로 풀 수 있고, 방정식의 내용은 곡선과 곡면 등의 기하학으로 해석할 수 있는 경우가 많습니다. 좌표계에서 방정식을 그래프로 표현하게 되면서 기하학과 방정식을 동시에 고려할 수 있게 되었습니다.

[근과 해]

해는 해결, 풀이, 답을 뜻하고, 방정식에서 풀어 구한 미지수의 값을 말합니다. 근은 근원, 근본 등으로 쓰이는 한자로 뿌리, 기원을 뜻합니다. 근 또한 방정식을 만족하는 미지수의 값을 뜻합니다. 해와 근은 비슷한 용어이나, 해가 좀 더 일반적인 용어이고 근은 보통 '다항식의 해'로, 해보다 좁은 의미로 쓰입니다. 예를 들어 부등식에서 미지수의 값을 구할 때는, 근보다는 해라고 합니다.

[약수와 인수]

약수와 인수는 비슷한 개념이지만 약수가 인수보다 포괄적인 개념입니다. 약수는 나눗셈 관점에서 생각한 것이고, 인수는 곱셈 관점에서 쓰입니다. '약수'에서의 약(約)은 '간략히 한다'는 뜻과 '묶고 다발 짓는다'라는 뜻이 있습니다. '묶고 다발 짓는다'라는 말은 '귤 12개를 3개씩 나누어 주면 네 사람에게 나누어 줄 수 있다'를 통해 이해할 수 있습니다. 약수를 영어로는 'divisor(디바이저)'라고 하고 '나누는 수'인 나눔수를 뜻합니다. 최대공약수라는 표현도 이런 의미에서 쓰입니다. 반면에 하나의 다항식을 2개 이상의 다항식의 곱으로 나타낼 때, 이들 각각을 처음 식의 '인수'라고 합니다. 인수의 영어 표현은 'factor(팩터)'입니다. '출발한 수', '중요한 부분이 되는 수'를 뜻하는 한자어를 사용하고 있습니다. 인수분해라는 말은 인수로 나눈다는 뜻이고, 소인수분해는 소수를 인수로 하여 분해한다는 뜻이 있습니다.

[선분과 직선]

선분은 선의 일부분이라 직선과는 다릅니다. 직선은 끝없이 뻗어가는 선입니다. 하지만 한 장의 종이에 그리기에는 한계가 있어 선분을 그어놓고 직선으로 이해하는 겁니다. 선분이나 직선을 그리려 할 때, 아무리 날카로운 연필로 선을 그어도 굵기가 있습니다. 즉 넓이가 생기는 겁니다. 진정한 의미의 직선을 그리기란 불가능합니다. 앞에서 설명하였듯이 선은 실제 있는 것이 아니지만 설명하기 위해서 사용하는 도구라고 생각하면 됩니다.

[분수와 유리수]

피타고라스는 정수와 분수를 포함한 유리수를 강조했지만, 분수를 표시하는 방법 없이 언어 표현을 사용했습니다. 우리가 분수를 소리 내어 읽는 것과 같이 사용했다고 생각할 수 있습니다. 그런데 수학은 표기를 간결하게 하기를 좋아합니다. 분수 표기법을 만든 사람은 이탈리아의 피보나치(Leonardo Fibonacci, 1170~1250?)입니다. 중세 여러 이탈리아 도시 국가 중 피사에서 태어난 피보나치는 아버지를 따라 북아프리카를 여행하던 중에 인도-아라비아 숫자를 배웁니다. 로마 숫자보다 아라비아 숫자가 더 뛰어난 것을 깨닫고 아랍 수학을 배우기 위해 지중해 지역의 국가들을 여행하여 수 체계를 더 공부했습니다. 1202년《계산 책(Book of Calculation)》을 써서 유럽에 아라비아 수 체계를 소개했습니다. 이 책에서 피보나치는 인수라는 용어와 분자, 부모라는 표현을 처음 만들어 사용했습니다. 그는 오늘날의 분수 표기할 때 쓰는 수평선도 처음 소개했습니다.

분수와 유리수의 관계는 어떨까요? 유리수에는 정수가 포함되기 때문에 분수가 아닌 사례가 있다고 할 수 있습니다. 물론 정수를 분모가 1인 분수라고 하는 것을 제외하면 그렇습니다. 반면에 분수를 표현할 때 분모, 분자가 정수라는 조건을 붙이지 않는다면 유리수가 아닐 수 있습니다. 무리수가 분모나 분수에 들어간 경우도 분수라고 할 수 있기 때문입니다.

소수

소수(素數)는 자연수의 바탕을 이루고 있는 수를 뜻합니다. 수학에서 정의는 '1보다 큰 자연수 중 1과 자기 자신만을 약수로 가지는 수'입니다. 영어로는 '으뜸'이라는 뜻을 가진 prime(프라임)을 써서 prime number(프라임 넘버)라고 합니다. 번역어는 바탕 소(素) 자를 써서 소수라고 하고, 북한에서는 모든 자연수를 만드는 씨앗이라는 뜻으로 '씨수'라고 합니다. 처음 소수를 찾아낸 사람은 아르키메데스와 동시대 사람인 에라토스테네스입니다. 그는 '체(가루를 곱게 치거나 액체를 거르는 데 쓰는 기구)'처럼 거르는 방법을 사용했습니다. 2의 배수를 지우고, 남은 수 중에서 3의 배수를, 그다음 5의 배수 순으로 지워나가는 것입니다. 1은 소수의 정의에서 어긋나지 않지만 소수에서는 제외합니다. 1은 1×1×1… 등과 같아서 소인수분해할 때 1이 여러 개 있어도 되는 문제가 생기기 때문입니다.

수학자들이 정수를 다루는 분야에서 소수의 위치는 절대적입니다. 소수는 자연생태계와도 관련이 있습니다. 매미는 가장 오래 사는 곤충으로 알려져 있습니다. 알에서 부화한 매미의 유충은 나무뿌리의 수액을 빨아먹으며 길고 지루한 세월을 인내하다가 17년이 지나서야 비로소 매미가 되어 세상 밖으로 나옵니다. 하지만 짝짓기를 위해 지상에 나온 매미 성충의 삶은 매우 짧습니다. 약 1~2주 정도입니다. 17년 아닌 경우도 있습니다. 어떤 종류의 매미는 13년마다 짝짓기로 번식하고 성충은 죽습니다. 죽음과 동시에 생명이 태어나기 때문에 13년이 생명주기로 이어집니다. 왜 매미는 13이나 17이라는 소수로 생명을 이어가는 걸까요? 어떤 학자들은 매미의 몸속에 사는 기생충의 수명과 관련하여 이야기합니다. 성충에 있는 기생충이 매미 유충에게 알을 낳는다면 유충은 살아남기 힘들 겁니다. 최소공배수의 법칙으로 매미의 생명 주기를 설명할 수 있습니다. 기생충이 13, 17이 아닌 2, 3, 5 등의 주기로 생명체를 유지해간다면, 매미가 낳는 유충에 기생충은 알을 낳기 힘들 것입니다. 만약 기생충의 생명주기가 2년이라면 34년마다 만나게 되어 매미의 유충에 기생충의 알이 들어가게 되지만, 기생충의 생명주기가 16년이라면 기생충의 알과 매미의 유충은 272년에 한 번씩 만나게 됩니다. 이렇게 소수의 생명주기를 가진 매미는 외부의 적을 만날 확률이 낮아집니다. 실제 매미의 몸에는 기생충이 발견되지 않는다고 합니다. 기생충 이외에 천적과도 마찬가지입니다. 매미가 성충으로 지상에 나올 때 천적이 아직 성장 전이라면 매미를 쉽게 공격할 수 없기 때문으로 생각할 수 있습니다.

소수의 개수는 얼마일까요? 소수는 무한합니다. 이는 유클리드가 증명했습니다. 소수의 개수가 무한함을 증명하기란 언뜻 보기에 불가능해 보입니다. 모든 소수를 다 적은 후 그 수를 헤아려 무한함을 증명할 수는 없지요. 유클리드는 귀류법을 이용합니다. 소수의 개수는 유한하다고 가정하고 그 가정이 모순에 부딪힘을 밝히는 방법을 사용합니다. 유한한 소수 $p_1, p_2, \cdots p_r$ 이 있다고 가정합시다. 이 소수들의 공배수를 하나 골라 N이라고 한다면 N= $p_1 \times p_2 \times \cdots \times p_r$ 이 됩니다. 이때 N+1은 이들 소수 중의 어떤 소수 P로 나누어도 나머지는 항상 1이 됩니다. 따라서 N+1의 소인수는 어떤 $p_1, p_2, \cdots p_r$ 과 다를 수 밖에 없습니다. 따라서 N+1의 소인수는 $p_1, p_2, \cdots p_r$ 과는 다른 새로운 소수가 됩니다. 소수가 더 있다는 이야기가 됩니다. 소수가 유한하다는 가정과 새로운 소수가 계속 생기는 결과는 모순됩니다. 결과적으로 소수의 개수는 무한하다는 결론에 도달합니다. 수학자들이 다른 수 모임들과 비교해 보았는데, 소수는 2의 거듭제곱수보다는 더 많지만 짝수보다는 드물다고 합니다.

소수는 수천 년 전부터 인류를 끌어당겼지만, 컴퓨터가 발달하면서 실질적인 활용도가 더 높아지기 시작합니다. 자료의 암호화에서 결정적인 구실을 하기 때문입니다. 개발자들의 이름을 딴 'RSA 암호'는 소수의 곱을 이용한 암호체계로 여전히 많이 사용되고 있습니다. 큰 소수의 곱으로 된 수를 인수분해하려면 어떻게 해야 할까요? 두 수중 한 소수를 알지 못한다고 가정합니다. 그러면 찾을 때까지 수많은 소수를 대입해야 합니다. 만약 억 단위 자리 소수의 곱이라면 억 단위가 될 때까지 계속 소수를 대입해봐야 해서 상상 이상으로 많은 시간이 필요합니다. 만약 소수가 아닌 수들의 곱이라면 아무리 큰 수라고 해도 2, 3, 5…로 나누다 보면 급격하게 남은 수가 작아져, 곱해진 두 수를 빨리 찾을 수 있습니다. 이 암호는 '공개키' 암호라는 다른 이름이 있는데, 키를 공개한다는 이야기입니다. 여기서 공개키는 정보를 받고자 하는 사람(A)이 공개한 키입니다. 정보제공자(B)는 공개키를 이용해 암호화하여 정보를 A에게 전합니다. A는 자신의 공개하지 않는 개인키를 이용해 암호를 풉니다. 개인키에는 소수의 곱을 풀 수 있는 정보가 담겨 있습니다. 자세한 내용은 매우 복잡한 절차를 거쳐야 해서 관심 있는 사람은 별도로 공부해야 합니다. 주로 은행에서 이용하는데, 150자리 소수 2개를 곱한 300자리 수를 이용합니다. 암호학에서 소수가 활용되는 이유는 소수를 확인하는 공식은 없으며, 소수가 등장하는 방식에도 일정한 패턴이 없기 때문입니다.

연산 기호

연산(演算)은 수나 식을 일정한 규칙에 따라 계산하는 것을 말합니다. 자주 쓰는 사칙연산은 덧셈, 뺄셈, 곱셈, 나눗셈의 네 가지 법칙을 이용하는 연산을 말합니다. 덧셈 기호(+)와 뺄셈 기호(-)는 1489년에 비트만(Johannes Widmann, 요하네스 비트만, 1462~1498)이 제안했습니다. 덧셈 기호는 더한다는 뜻의 라틴어 'et'에서 나왔고, 뺄셈 기호는 뺀다는 뜻의 minus(마이너스)에서 나왔습니다. 너무 자주 쓰는 기호들이기에 빠르고 간단하게 쓰다 보니 지금의 +, -로 바뀌었습니다. 곱셈 기호(×)는 1481년 영국 수학자 오트레드(William Oughtred 윌리엄 오트레드, 1574~1660)가 만들었습니다. 처음에는 십자가 모양을 곱셈기호로 정하려다 이미 덧셈 기호로 사용된 것을 알고, 눕힌 모양으로 기호를 만들었습니다. 라이프니츠는 이에 대해 강력하게 비판하기도 했습니다. 당시 곱셈 기호는 작게 써서(x) 변수에 쓰이는 x와 너무 쉽게 혼동을 일으킨다는 이유였습니다.

‘크다’와 ‘작다’를 뜻하는 부등호 ‘>’와 ‘<’는 해리엇(Thomas Harriot, 토마스 해리엇, 1560~1621)이 내놓았습니다. ‘먼저’ 연산하라는 뜻의 괄호 ‘()’는 1544년에 처음 등장했습니다. 간혹 괄호를 무시하고 연산하는 경우가 있는데, 괄호는 학자들이 먼저 계산하라는 뜻으로 만들었고, 그것에 맞춰 풀어야 정확한 결과에 도달합니다. 16세기경 스위스 수학자 란(Johann Heinrich Rahn, 요한 하인리히 란, 1622~1676)이 처음으로 ‘÷’와 같은 기호를 사용했는데, $\frac{3}{5}$ 같은 분수의 모양을 본떠 만들었다고 이야기합니다. 그러나 오늘날 프랑스, 독일, 이탈리아 등 유럽 대부분의 나라에서 나눗셈 기호로 ‘:’(콜론)를 사용하고 있습니다. 나누기 기호로 ‘÷’를 사용하고 있는 나라는 우리나라를 비롯하여 일본, 영국, 미국 등입니다. ‘∝’(비례) 기호는 서로 닮았다는 것을 뜻하는 라틴어 ‘Similis(시밀리스)’에서 머리글자 S를 옆으로 뉜 모양에서 변한 것입니다.

사칙연산에는 먼저 계산하는 순서가 있습니다. 5+7×3=? 가장 간단한 문제인데 의외로 틀리는 사람이 많습니다. 앞에서부터 계산하기 때문입니다. 수학을 잘하는 사람에게 물어보면 곱셈(나눗셈)을 먼저 계산하자는 약속을 했기 때문이라고 말합니다. 틀린 말은 아니지만 뭔가 설명이 부족하게 느껴집니다.

5+35=? 누구나 다 40임을 압니다. 그런데 35를 약수로 표현하면 5×7이 됩니다. 식을 풀어쓰면 5+5×7이 됩니다. 이때 덧셈을 먼저 하면 다른 답이 나옵니다. 35가 아니더라도 모든 수는 두 가지 수의 곱으로 표현할 수 있습니다. 예를 들면 2는 1×2라고 표현할 수 있죠. 그런데 3+2의 식은 3+1×2와 같은데 3+1을 먼저 계산할 수는 없겠죠. 그래서 곱셈이나 나눗셈을 먼저 계산해야 합니다. 우리의 실제 생활에서도 곱은 덧셈보다 먼저 계산하고 있습니다. 예를 들어 감자 5개를 사고, 5개 묶음의 마늘 7개를 샀습니다. 모두 몇 개를 샀는지 계산하기 위해 식을 표현해보면 5+5×7로 할 수 있는데, 따로 괄호를 주지 않아도 5×7을 먼저 계산해야 하는 것을 알 수 있습니다.

미지수 기호

방정식은 기호를 사용하기 전까지는 말로 설명했습니다. 수학을 처음 접하는 사람들에게는 말로 표현하는 것이 더 쉽게 다가올 수도 있습니다. 하지만 기호를 사용하면 식이 간결할 뿐만 아니라 명확하게 표현할 수 있습니다. 다시 말해서 수학의 큰 비중을 차지하는 방정식의 기호에 친숙해지면 수학이 조금 더 쉬워질 수 있다는 이야기입니다. 방정식이나 함수에는 x라는 변수를 주로 사용합니다. 수학에서 기호들은 필기체 형식으로 씁니다. 영화에서 보면 문학 작가들은 타자기나 컴퓨터를 주로 쓰는데, 수학자들은 주로 칠판을 사용합니다. 칠판은 풀다가 틀리면 고쳐 쓰기 편하기 때문입니다. 〈뷰티풀 마인드〉에서는 내시가 도서관 창에다가 수학 착상을 식으로 풀어가는 장면이 나옵니다. 현대에도 컴퓨터 수학을 한글이나 워드로 풀어보려고 하면 복잡한 입력 절차를 거쳐야 하므로 여전히 종이 위에 수식을 풀어가는 게 편리합니다.

그런데 왜 미지수(알지 못하는 수)의 대표가 x가 되었을까요? 미지수를 표현하는데 처음 기호로 사용한 사람은 알렉산드리아의 디오판토스입니다. 지금 기호와는 다르지만, 미지수뿐만 아니라 제곱, 더하기 빼기 등의 기호도 사용했지만, 그 이후 계속 사용되지 않아 사라졌습니다. 중세 시대 아랍의 수학자들은 기호를 사용하지 않았습니다. 근대적인 기호를 처음 사용한 수학자는 비에트(François Viète, 프랑수아 비에트, 1540~1603)입니다. 비에트는 1591년 《해석학 입문》에서 미지수를 표현하기 위해 알파벳 모음의 대문자인 A, E, I, O, U를, 기지수(이미 알고 있는 수)를 표시하기 위해 알파벳 자음의 대문자인 B, C, D 등을 사용했습니다. 오늘날과 같은 미지수를 사용한 사람은 데카르트였습니다.

데카르트(René Descartes 르네 데카르트, 1596~1650)는 1637년 자신의 책 《기하학》에서 알고 있는 수, 즉 상수를 나타낼 때는 알파벳 앞쪽부터 소문자 a, b, c…를, 미지수를 나타낼 때는 알파벳 뒤쪽부터 소문자 x, y, z를 사용했습니다. 현대까지 이 표기법을 사용하고 있습니다. 미지수의 처음 시작이 x이기 때문에 x가 대표적인 문자로 사용합니다. 뢴트겐의 발견한 방사선의 이름도 'X선'으로 지었습니다. 미지수 x의 뜻과 연결하여 '뭔지 모를 광선'이라는 뜻입니다.

벡터

벡터는 갈릴레오(Galileo Galile,i 갈릴레오 갈릴레이, 1564~1642)의 떨어지는 물체를 다루는 물리 실험에서 처음 언급됩니다. 갈릴레오는 던져진 물체의 운동은 각각 별도로 다룰 수 있는 두 가지 효과가 합쳐진 것으로 생각했습니다. 하나는 지면에 평행한 수평 운동으로 중력에 아무런 영향을 받지 않는 것이고, 다른 하나는 중력의 영향을 받고 떨어지는 물체의 법칙이 적용되는 수직 운동입니다. 똑같은 무게의 사과 2개가 있다고 생각해봅시다. 하나는 그냥 떨어뜨리고 나머지 하나는 옆으로 던져봅니다. 두 사과는 동시에 땅에 도착합니다. 수평 움직임은 수직 움직임에 영향을 미치지 않습니다. 다만, 옆으로 던진 사과는 수평으로 던지는 힘만큼 옆으로 떨어질 뿐입니다. 두 사과의 운동을 구별하여 표현하려면 수평 방향과 수직 방향을 나누어서 각각의 속도와 이동거리 등을 계산해야 합니다.

갈릴레오는 수평과 수직으로 이루어지는 두 운동을 결합함으로써 투사체(던진 물건)가 포물선 궤적으로 따라 움직인다는 사실을 발견했습니다. 갈릴레오는 높은 곳에서 옆으로 던진 물체의 속력을 두 가지로 구분했습니다. 그의 책 《새로운 두 과학》에서 "속력은 두 운동의 결합으로 생긴 것이다. 하나는 수평 방향으로 일정한 속력, 다른 하나는 수직 방향으로 가속이 되는 속력"이라고 표현합니다. 수직 방향으로 가속이 되는 속력은 중력에 의한 가속도(속도의 변화율)를 뜻합니다. 물체의 운동을 수평과 수직으로 구분함으로써 운동을 정확하게 설명할 수 있게 되었습니다. 벡터로 나누는 과정은 원래의 운동을 대각선으로 하는 두 평행사변형과 모양이 같습니다.

벡터의 개념은 16세기 네덜란드의 스테빈(Simon Stevin, 1548~1620)이 힘의 삼각형에 관한 문제를 통해 개념을 정리하였습니다. 벡터가 중세 시대부터 발달한 이유 중의 하나는 항해술입니다. A 지점에 있는 배가 D로 가려고 합니다. 그런데 바다의 해류가 배를 B 지점으로 밀어내고 있습니다. 배의 선장은 항해사에게 D 방향으로 배가 가도록 돛을 조정하라고 명령합니다. 항해사는 C 지점으로 방향을 잡아서 결국 D를 향해 가도록 배를 조정합니다.

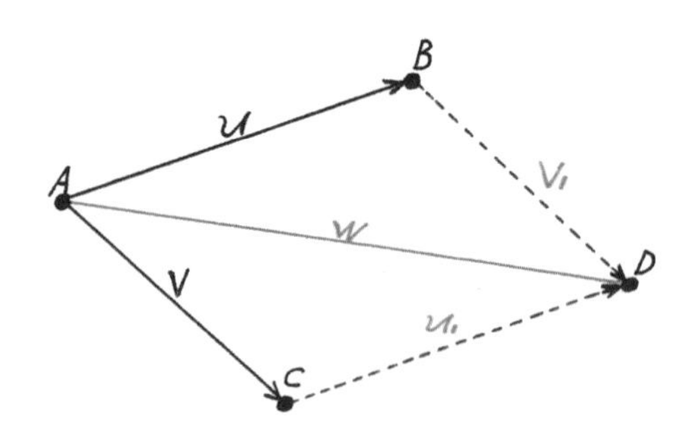

벡터라는 용어를 만든 사람은 아일랜드 수학자 해밀턴(William Rowan Hamilton 윌리엄 로완 해밀턴, 1805~1865)입니다. 벡터라는 표현은 라틴어로 '옮기다'는 뜻을 가진 'vehere(베에레)'에서 유래했습니다. 물리학자들은 벡터의 개념을 발전시켜 '크기와 방향을 가진 물리량'이라고 정의하고 공간에서 활용할 수 있도록 확장합니다. 공간에 있는 모든 물리량은 벡터가 작용한다는 의미로 '벡터공간'을 생각해 낸 것입니다. 벡터가 있어서 공간이 있는 것이 아니라, 벡터의 특징들이 작용하는 벡터공간을 가정하고 그 안의 움직임을 벡터라고 정의합니다. x축과 y축으로 구성된 좌표계는 벡터공간으로 활용할 수 있습니다. 벡터 개념이 나오면서 이전까지 크기만을 다루던 방정식과 함수가 방향을 더 고려할 수 있게 됩니다. x, y축에 따라 방향 벡터들을 이용하면 움직임의 크기와 방향 모두를 다룰 수 있게 됩니다. 앞의 음수 설명 중에 직선상에서 음수를 곱하면 방향이 바뀐다는 내용도 벡터의 의미를 담고 있습니다. 벡터는 미적분을 비롯해 스포츠 과학, 드론 제작, 내비게이션 등에서 활발하게 이용하고 있습니다.

실수와 허수

자연수(1, 2, 3…)를 제외한 모든 수는 순수한 수학의 창조물이라고 할 수 있습니다. 물론 자연수의 수 표기도 만든 것 아니냐고 할 수 있지만, 대상이 실제로 존재한다는 점에서 다른 수와는 다르게 취급되고 이름에 '자연(natural)'이 붙여진 것입니다. 0과 음수가 포함되면서 자연수, 0, 자연수의 음수를 아울러 정수로 묶을 수 있게 되었습니다. 정수의 영어 표현은 '다치지 않는, 순수한'이라는 라틴어에서 나온 interger(인티저)를 쓰고 한자인 정수(整數)는 '가지런한 수'라는 뜻을 가집니다. 북한에서는 '물건이 조각나지 않고 본디대로 있다'는 뜻의 '옹글다'에서 나온 '옹근수'라는 표현을 씁니다. 유리수에는 정수와 '정수 아닌 유리수'가 있는데, 정수 아닌 유리수는 유한소수, 순환소수가 있습니다. 무리수는 유리수가 아닌 모든 수를 뜻하기 때문에 유리수와 무리수가 결합이 되면 모든 수가 포함이 됩니다. 굳이 '수 전체'가 아닌 실수라는 표현이 등장하게 된 것은 허수(imaginary number)가 만들어진 이후 이와 구별하기 위해 실제 수라는 뜻으로 이름을 붙였습니다. 실수는 선분의 모든 점에 대응할 수 있다는 점에서 좌표의 모든 점을 활용하게 됩니다.

허수의 역사를 살펴볼까요. 르네상스 시기의 이탈리아는 중세의 영향으로 종교와 정치가 얽혀 혼란스러웠지만, 예술과 과학이 발전했고 위대한 수학자들도 대거 출현했습니다. 1545년 전문 도박사이자 수학자인 카르다노(Girolamo Cardano, 지롤라모 카르다노, 1501~1576)는 대수학 교과서를 집필하던 중 새로운 수를 발견했는데 "무용할 정도로 미묘하다"고 묘사합니다. 카르다노는 타르탈리아가 발견한 3차 방정식의 '근의 공식'(방정식의 답을 찾아내는 일반적인 공식)을 연구하다가 이 수를 발견합니다. 이 수는 3차 방정식뿐만 아니라 2차 방정식에서도 발견됩니다. 합이 10이 되고 곱이 40이 되는 두 수로 쪼개는 과정에서 실수해는 찾지 못하고 $5+\sqrt{-15}$, $5-\sqrt{-15}$가 해가 됩니다. 더해서 10이 되는 수 중에서 곱의 값이 가장 큰 수(같은 둘레에서 면적이 가장 큰 경우는 정사각형, 즉 수의 제곱인 경우이기에)는 5입니다. 제곱해도 40에는 못 미칩니다. 그런데 찾은 두 수는 더하면 10이고 곱하면 $25+5\times\sqrt{-15}-5\times\sqrt{-15}-(-15)$가 되어 40이 됩니다. 카르다노는 제곱해도 음수가 되는 '허수'를 수라고 생각해 계산하면 실수인 해를 찾을 수 있다는 사실을 알아낸 것입니다. 과학과 마찬가지로 수학도 기존의 과정을 여러 상황에 대응하다가 새로운 '실체'를 발견하게 됩니다.

좌표평면을 창안한 데카르트에게도 역시 음수의 제곱근은 이상한 수였습니다. 이런 이유로 데카르트는 이 수에 '상상의(imaginaire)' 수라는 의미인, '허수(虛數, nombre imaginaire)'라는 이름을 붙였습니다. 이런 홀대에도 불구하고 18세기에 허수의 중요성은 점점 알려졌고 19세기에는 허수를 수학의 한 부분으로 받아들이게 되었습니다. 이후 스위스의 수학자 오일러는 'imaginaire(imagenation)'의 앞 글자를 따서 허수의 단위를 만들고 허수의 정의를 다음과 같이 합니다. "$i=\sqrt{-1}$, $i^2=-1$. 허수는 −1의 제곱근이고 허수의 제곱은 −1이다." 정의에 따라 $\sqrt{-5}$는 $(\sqrt{-5}\times\sqrt{-1})$과 같기에 $\sqrt{-5}i$로 표현합니다.

수학은 수식을 풀어가는 과정에서 예상하지 못한 수가 나올 때는 처음에는 받아들이지 않다가 수학적인 효용이 있거나 과학에서 실제를 설명하는 데 유용함이 밝혀지면 수용합니다. 뒤에서 자세히 살펴볼 근의 공식에서 판별식이라고 부르는 'b^2-4ac'의 값이 0보다 작은 경우 허수가 되는데, 두 해의 허수 중의 하나가 +가 되면 나머지는 -가 되어 더

할 때 상쇄되고 두 허수를 곱하면 실수가 되어 실수식에서 허수가 근이 될 수 있습니다. 이렇게 된 해를 켤레 복소수라고 합니다. 복소수는 실수와 허수를 모두 포함하는 수를 말합니다. 즉 실수, 허수, 실수와 허수가 함께 있는 수를 모두 포함합니다. 영어 표현은 complex number(컴플렉스 넘버)이고, 한자어인 복소수(複素數)는 '복합 기본 수' 정도로 해석할 수 있습니다. 켤레라는 말은 '짝'을 뜻합니다. 만약 $a+ib$ (a, b는 실수)가 해이면 $a-ib$도 해가 되는 켤레(짝)가 나타난다는 뜻입니다. 허수의 값이 0이 아닌(b가 0이 아닌) 복소수는 허수라는 존재하지 않는 양을 포함하기 때문에 크기 비교는 할 수 없습니다. 다만 더하기, 빼기, 곱하기, 나누기 같은 사칙연산은 가능합니다.

어떤 수학자는 허수를 두고 "존재하는 것과 존재하지 않는 것 사이의 돌연변이에서 고상한 출구를 찾았다"라고 평가하는데, '돌연변이'이지만 수학적인 문제를 해결하는 데 필요한 '실체'라고 인정하고 있습니다. 허수는 방정식의 해로 나타날 수 있지만, 대부분의 방정식에 직접 등장하지는 않습니다. 하지만 현대 물리학의 한 분야인 양자역학에 오면 방정식에 허수가 들어가는 경우가 있습니다. 슈뢰딩거(Erwin Schrödinger, 에르빈 슈뢰딩거, 1887~1961)의 파동방정식이 대표적입니다. 이 방정식은 양자역학을 표현한 것으로 입자가 존재할 확률을 나타내는 함수입니다. 양자역학에서는 어떤 입자가 실제로 어떤 위치에 있는 것이 아니라, 있을 수 있는 확률로만 존재한다고 이야기합니다. 허수처럼 불명확한 부분이 있기에 허수가 방정식에 포함된 것으로 이해합니다.

양자역학이 아니라도 숨어 있는 값들을 표현하려 할 때 허수가 유용할 수 있습니다. 수학자 해밀턴은 허수가 하나가 있다면 여러 개가 있을 수 있지 않겠냐는 의문을 가지고 연구를 계속했습니다. 계속 어려움을 겪던 해밀턴은 1843년 아내와 함께 운하를 따라 걷다가 여러 개의 허수 문제의 해답을 떠올립니다. 여담이지만 산책은 천재들의 생각 정리에 큰 도움을 주는 습관입니다. 칸트와 아인슈타인도 산책을 즐겼죠. 어쨌든 해밀턴은 떠오른 착상을 주머니칼을 이용해 다리 난간에 기록합니다. $i^2=j^2=k^2=ijk=-1$입니다. 지금 해밀턴이 새긴 글자가 있던 자리에는 기념비가 서 있습니다. 이렇게 차원마다 하나씩 허수를 채워서 3차원을 구성한 사원수(四元數, quaternion, 쿼터니언)가 만들어졌습니다. 허수가 3개인데 3원수가 아닌 4원수인 이유는 실수부까지 포함하기 때문입니다. 해밀턴 덕분에 현대에는 입체 그래픽을 컴퓨터를 이용해 쉽게 그릴 수 있게 되었습니다. 1970년대까지는 애니메이션을 만들 때 사람이 일일이 움직임을 그렸습니다. 그 후에는 3D 그래픽 변환을 이용하기도 했지만, 일반적인 3D(3차원) 구현을 위해 행렬 변환을 할 때보다, 사원수를 이용하는 것이 훨씬 빠르고 정확하다고 합니다. 영화 〈아바타〉 등은 사원수를 이용했습니다.

다시 실수로 돌아와 보죠. 수직선(數直線)은 실수가 표현된 직선을 말합니다. 다른 직선이나 면에 수직인 선을 뜻하는 수직선(垂直線)과는 구별합니다. 어떤 사람은 수학과 학생이 대학교에서 배우는 모든 것이 수직선 안에 있다고 할 정도로 중요한 기능을 담고 있습니다. 실수로 표현한 수직선은 $\frac{1}{3}$과 같은 순환소수, $\sqrt{2}$와 같은 무리수를 포함하기 때문에 기하학에 다루는 모든 수를 표현할 수 있습니다. 그래서 수직선은 방정식의 해와 면적과 같은 기하의 값들을 표현할 수 있게 됩니다. 문제는 복소수입니다. 복소수는 수직선(數直線)에 표현할 수 없기 때문입니다. 그래서 좌표평면을 활용하여 실수 차원의 축과 직교하는 새로운 하나의 축이 있는 복소평면을 통해 허수의 기하학적인 움직임을 표현합니다.

좌표계

기하학에서는 점, 선, 면과 같이 추상적이고 뛰어난 개념을 3,000년 전부터 발전시켜왔는데, 좌표가 그려진 평면이 근대에 와서야 만들어진 이유는 무엇일까요? 고대부터 특정한 위치로부터 방향이나 거리는 많이 사용됐을 텐데도요. 이유는 무리수와 관련이 있습니다. 수직선을 그리려면 무리수가 반드시 포함되어야 합니다. 그래서 본격적으로 무리수를 받아들인 근대에 와서야 좌표계가 발명됩니다.

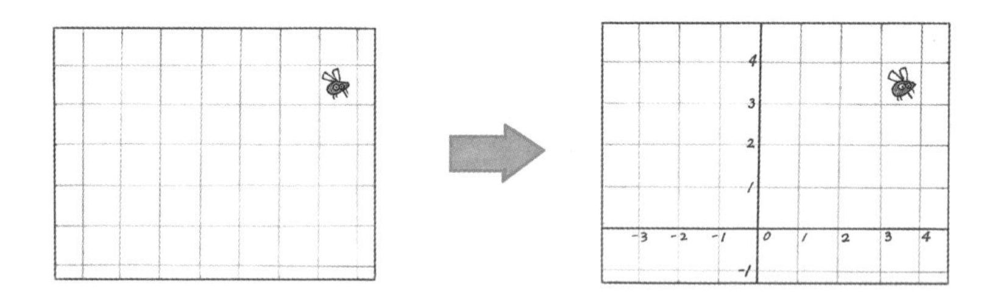

데카르트는 어느 날 누워서 천장을 보고 있었습니다. 파리가 날아가는 모습을 보고, 파리의 이동한 경로를 그려보고 싶어집니다. 불현듯 천장의 중심에 원점을 두고 직각이 되는 두 축, 즉 가로축과 세로축을 그은 후, 원점에서부터 파리가 있는 지점까지 거리의 값들을 구합니다. 이를 쉽게 표현하기 위해 거리의 쌍 (x, y) 개념을 도입합니다. 이 좌표는 평면과 같은 이차원 공간을 표현할 수 있었고, 새로운 축인 z축을 추가하면 입체인 3차원도 표현할 수 있습니다.

배나 비행기로 움직일 때는 지구와 같은 구에도 좌표를 적용할 수 있습니다. 고대부터 위도(지구의 적도를 기준으로 위와 아래로 떨어진 정도)는 정오일 때 태양의 각도를 계산하여 쉽게 구할 수 있는 반면에 경도(지구상에서 기준선으로부터 좌, 우로 떨어진 정도)는 알기가 쉽지 않았습니다. 과거에는 시계를 만들어 해결했습니다. 자오선(지구의 북극과 남극을 연결한 선)을 가상으로 그린 후, 지구의 자전으로 태양이 지나가는 시간을 측정하여 그렸습니다. 영국의 그리니치 천문대를 기준으로 하였는데, 현재도 세계 표준시라는 이름으로 0시의 기준이 됩니다. 태평양 한가운데에 날짜 변경선이 있습니다. 그래서 미국의 뉴욕보다 14시간 빠른 한국에서 미국으로 여행을 가면 14시간이 줄어들고 미국에서 한국으로 올 때는 14시간이 늘어납니다.

3차원 프린트나 홀로그램 등의 기술은 좌표 활용이 높은 분야입니다. 정확한 좌표마다 프린트할 내용이나 빛을 쏠 내용이 정해져야 하기 때문입니다. 홀로그램은 위, 아래, 앞뒤에서도 모두 볼 수 있게 하기 위해서는 좌표마다 보는 각도에 맞는 빛의 정보가 있어야 합니다. 방정식을 좌표 평면의 그래프로 표현하게 되면서 방정식과 기하학을 함께 생각할 수 있게 되었습니다. 좌표를 이용하여 원도 그릴 수 있고, 포물선 같은 다양한 기하학을 구체적으로 다룰 수 있게 되었습니다.

순서쌍 (x, y) 좌표를 가진 2차원 좌표일 때는 좌표평면이라고 합니다. 이때 가로축을 x축이라 하고 세로축을 y축이라고 합니다. 3차원으로 좌표로 표현하면 (x, y, z)가 됩니다. 아인슈타인의 상대성이론 이후 이를 4차원으로 표현하기도 합니다. 가상의 축은 시간과 공간이 함께 변한다는 점에서 ct(c는 빛의 속도, t는 시간)라는 단위를 가지고 거리의 차원을 가집니다. 3차원에서는 볼 수 없는 공간이기 때문에 허수 i를 앞에 붙입니다. 이렇게 허수가 상대성이론을 이해하는 데 도움을 주지만 상대성이론의 유도과정에서 허수가 필요한 것은 아닙니다. 좌표계에서 이렇게 길이를 주로 좌푯값으로 다루지만, 면적과 부피의 값들을 하나의 실숫값으로 다루기도 합니다. 면적을 뜻하는 x^2의 값에 대해 고대 그리스인들은 면적으로 다루며 길이나 부피와는 기본적으로 다른 양으로 간주했는데, 데카르트는 좌표계에서는 x^2의 값을 하나의 실수로 다루었습니다. $y=x^2$인 식은 좌표평면에서는 x, y의 순서쌍 (1, 1), (2, 4) 등으로 다루어집니다.

예외적으로 4차원 평면에는 허수가 좌표에 등장하지만, 일반적으로 허수를 좌표에 표시할 방법은 없습니다. 수학자들은 실수라는 축에 국한되어 있지 않고 수 체계의 추가적인 차원의 축이 있다고 생각을 이끌어내고 x축을 실수축으로 하고, y축을 허수축으로 하는 좌표평면을 생각해냅니다. 이렇게 허수와 실수를 함께 표현하는 평면을 '복소평면'이라고 합니다. $a+ib$ 같은 복소수를 표현하면 그림과 같습니다. 마치 벡터처럼 실수축에는 실수부의 값을, 허수축에는 허수부의 값으로 나누어 표현합니다.

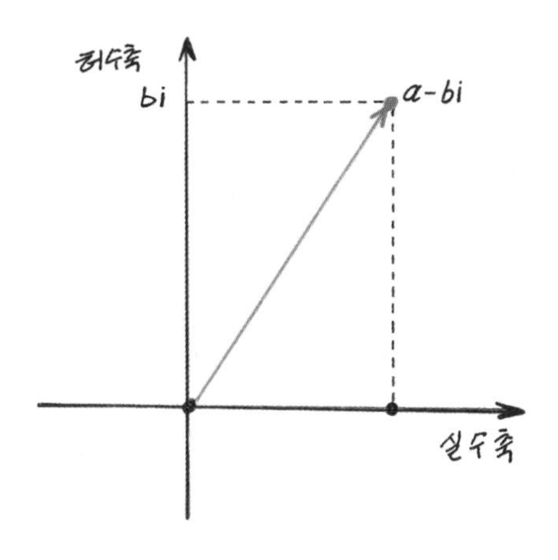

복소수는 하나의 수일 뿐이지만, 실수와 허수 부분을 각각을 나누어 순서쌍으로 만들 수 있습니다. 마치 하나의 수가 2개의 수의 짝처럼 다루어집니다. 복소평면은 크기뿐만 아니라 방향도 가지고 있는 벡터공간입니다. 실수축 위에 크기가 1인 벡터가 있다고 해보죠. 허수 i를 곱하면 크기는 그대로 1이지만, 실수가 허수로 바뀝니다. 실수축에 있던 값이 허수축으로 이동하게 됩니다. $1 \to 1 \times i$이 과정은 마치 90° 회전과 같은 효과가 있습니다. 수학에서 회전은 항상 시계반대방향을 기준으로 사용합니다. 한 번 더 i를 곱하면 크기는 1이지만 음수가 되어 –1로 처음 벡터와는 반대 방향이 됩니다. 다시 i를 곱하면 음의 허수축으로 이동하게 됩니다. 벡터의 회전 기능의 결과를 복소평면에서도 그대로 구현할 수 있기에 실수 차원의 축과 직교하는 새로운 하나의 축으로 허수의 축을 두고 사용할 조건을 충족합니다.

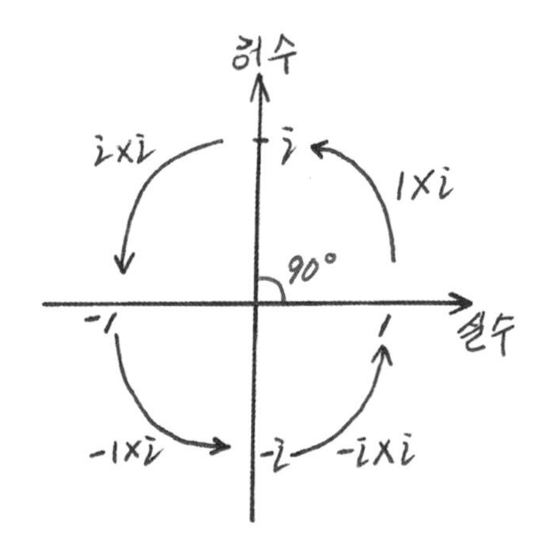

그림처럼 계속 i를 곱하면 복소평면을 계속 회전하게 되어, (양의 실수축)→(양의 허수축)→(음의 실수축)→(음의 허수축)으로 이동하게 됩니다. i값에 1보다 작은 수를 곱하면 그만큼 작은 각도로 회전하여 360° 회전을 모두 처리할 수 있습니다. 처음 허수에 이름을 지은 가우스 시대에는 벡터 개념이 없었기 때문에 후대의 수학자들이 벡터의 개념을 이용해서 허수와 실수 체계를 더 확장한 것입니다. 허수는 전자기파를 다루는 전기공학이나 공기 흐름을 다루는 항공 공학 등 파동(움직이는 파)를 다루는 분야에서 활용도가 높습니다.

무한

무한이란 무엇일까요? 숫자일까요, 장소일까요? 아이디어나 개념일까요? 제 생각에는 그 모든 것을 뛰어넘는 개념입니다. 아무리 큰 숫자를 생각해도 무한에 비교하면 0에 가깝습니다. 넷플릭스의 다큐멘터리 〈infinity(인피니티): 무한의 세계로〉에는 세상에서 무한한 것을 찾는다면 사랑이 가능할까라는 표현이 나옵니다. 과연 사랑은 무한할까요? 사랑에 깊게 빠졌을 때 계속 한계를 뛰어넘게 되니 그럴 듯도 합니다. 그런데 무한은 발견일까요, 발명일까요? 무한은 인간이 아는 그 어떤 개념보다도 오래전부터 존재했다고 할 수 있습니다. 인류 최초의 기록 중에는 숫자가 있는데, 숫자를 기록하는 사람은 아무리 큰 숫자를 기록해도 더 큰 수가 무한히 있음을 알고 있었을 겁니다. 프랑스의 수학자 앙리 푸앵카레(Henri Poincare, 1854~1912)는 "만약 수의 본질을 짧은 한마디로 정의하려고 한다면, 그것은 무한에 대한 과학이라고 말하지 않으면 안 된다"라고 말했습니다. 무한은 존재한다는 점에서 발견이라고 할 수 있고, 그 개념을 새롭게 정의해야 하기에 발명이라고도 할 수 있습니다.

수학은 무한을 받아들였습니다. 수학에서 무엇이 있느냐 없느냐를 판단할 때 수학적 상상이 가능하고 규칙을 만들어 낼 수 있으면 받아들이는 전통이 있습니다. 수학에서 말하는 무한은 종종 우리의 직관에 반대됩니다. 그래서 수많은 역설과 모순을 만들어 생각의 수렁에 빠지게 합니다. 그중 하나의 사례가 '무한(infinity) 호텔'입니다. 이 호텔은 항상 꽉 차 있어 빈방이 없는데도 빈방이 생길 수도 있습니다. 어느 날 밤 손님이 찾아옵니다. 매니저는 호텔에 머문 손님들에게 다음 번호의 방으로 이동하라고 합니다. 그렇게 되면 1호 방이 비게 됩니다. 끝 방을 내주면 안 될까요? 안 되는 이유는 끝방이라는 게 없기 때문입니다. 그래서 처음부터 방을 비워야 합니다. 무한대의 손님이 와도 마찬가지입니다. 투숙객 모두 2배수에 해당하는 번호의 방으로 이동한다면 홀수에 해당하는 무한대의 방이 남게 되어 무한대의 손님들이 모두 방에 들어갈 수 있게 됩니다. 수학에서 무한이라는 개념은 어떤 수를 더하거나 곱하거나 그 결과는 언제나 무한이라는 특이하고 신비한 특성을 보여줍니다. 여기서 우리는 무한호텔의 크기와 무한 손님의 크기는 같다고 이야기할 수 있습니다. 무한의 손님마다 무한의 호텔 방이 하나씩 짝짓기할 수 있으니까요. 크기를 잘 모르는 두 가지가 하나씩 대응할 수 있다면(언제 끝날지는 알 수 없지만), 같다고 생각할 수 있다는 이야기입니다. 이렇게 무한의 크기를 정의할 수 있게 되면서 무한 때문에 다루기 힘들었던(물론 수학자들의 수준에서) 집합을 본격적으로 다루게 되었습니다.

무한을 집합의 개념으로 처음 다룬 사람은 칸토르(Georg Cantor, 게오르크 칸토르, 1845~1918)입니다. 수학 교과서에서는 집합을 가장 먼저 배우지만 집합은 무한 때문에 근대에 와서야 이론으로 정립됩니다. 직선 위의 점이 만드는 집합이라는 '점집합'이 사용되고 있었지만 모든 수를 대상으로 하기에는 부족했습니다. 칸토르 이전, 집합을 하나의 도구로 장착하기 전의 수학은 무한한 대상을 수학적으로 다룰 때 많은 혼란이 있었습니다. 대표적인 것이 '제논의 역설(Zenon's paradox)'입니다.

그는 여러 가지 상황을 질문했는데 가장 대표적인 질문은 그리스 신화의 영웅 아킬레스와 거북의 달리기 경주 상황에 관한 질문입니다. 무리수를 생각하지 않고 1과 10 사이만 봐도 무한개의 분수가 있습니다. 그래서 거북이가 몇 미터 앞에서 출발하면 아킬레스는 이 무한개의 수를 다 넘어야 하므로 결코 거북이를 이기지 못한다고 주장합니다.

제논은 아킬레스가 거북이 있는 데까지 왔을 때, 그 시간만큼 거북이도 앞으로 나아가고, 다시 거북이가 있는 곳까지 아킬레스가 간다면 또 그 시간만큼 거북이가 앞으로 더 가게 되기 때문에 아킬레스는 거북이를 이길 수 없다고 주장합니다. 제논이 역설을 제시했을 때는 피타고라스학파가 활동하던 기원전 5세기였습니다. 피타고라스학파 사람들은 공간과 시간이 무수한 점이나 순간으로 이루어져 무한히 나눌 수 있다고 생각했습니다. 제논은 아킬레스가 거북이와 만나기 전까지 그 무한한 공간을 계속 나누다 보니 언제 만날지, 아니 만날 수 없을 듯 보인다는 반론을 제시한 것입니다. 제논은 연속된다는 생각 대신에 중간이 비어 있다고 주장하기 위해서 이런 도발적인 질문을 던졌습니다. 상식적으로 맞지 않아 보이는 제논의 역설은 19세기가 될 때까지 수학자들도 명확하게 참 거짓을 이야기하기 힘들어했습니다. 칸토르가 무한집합의 개념을 정립하면서 이 역설을 반박할 수 있게 되는데, '무한히 간격을 좁혀 가다 보면 0으로 수렴한다(가까워진다)'는 결론을 제시합니다. 제논의 역설은 아무리 끝없이 원래의 수의 $\frac{1}{2}$을 더하면 무한대라고 했지만, 실제로 그 값은 $\frac{1}{2}+\frac{1}{4}+\frac{1}{8}\cdots$을 하면 1에 끝없이 가까워집니다. 칸토르는 무한 개념을 이용해 수학적으로 이 값은 1과 같다고 이야기합니다.

그렇게 아킬레스는 거북이를 지나칠 수 있다고 새롭게 '해석'합니다. (일반인의 입장에서는 당연한 것이지만요.) 수학에서 불완전했던 무한 개념을 새로운 '합의'를 통해 해결한 셈입니다. 힐베르트가 "아무도 우리를 칸토르가 만들어낸 낙원에서 쫓아낼 수 없다"라고 언급했듯, 칸토르 이후 집합론은 수학 발전에 막대한 영향력을 미칩니다. 집합의 일대일대응(짝맞춤)과 수렴 등의 개념은 좌표 체계와 함수의 발전에 영향을 줍니다. 무한의 개념은 무한히 가까워진다는 개념을 이용해 문제를 해결하기도 하는데, 바로 '극한'이라는 개념입니다.

극한

극한은 무한이라는 개념의 종착지입니다. 극한의 개념은 상상력이 필요합니다. 극한은 무한히 가까워지지만 똑같지는 않다는 알쏭달쏭한 의미가 있습니다. 다음 그림들에서 점선의 길이는 얼마일까요? 실선의 세로 길이는 3cm, 가로 길이는 4cm입니다. 앞의 세 그림에서 점선의 길이는 모두 7cm라는 것을 눈으로 봐도 알 수 있습니다. 그런데 계단을 무한히 많이 만들면 어떻게 될까요? 마지막의 그림처럼 빗면과 거의 같다면 피타고라스의 정리에 따라 5cm가 됩니다. 어디서 잘못된 것일까요? 가까워지지만 똑같지 않다는 개념, 즉 극한의 개념이 필요해집니다. 미적분학은 극한을 주로 사용하는데, 어떤 '변수 변화'가 0이 되도록 극한을 적용합니다. 어려운 개념에도 불구하고 실제 미적분학의 식에서는 극한의 값들이 분모와 분자가 서로 상계되어 없어지고, '변수 변화'의 거듭제곱은 0으로 처리하는 식으로 (걱정을 왜 했나 싶게 간단히) 처리합니다.

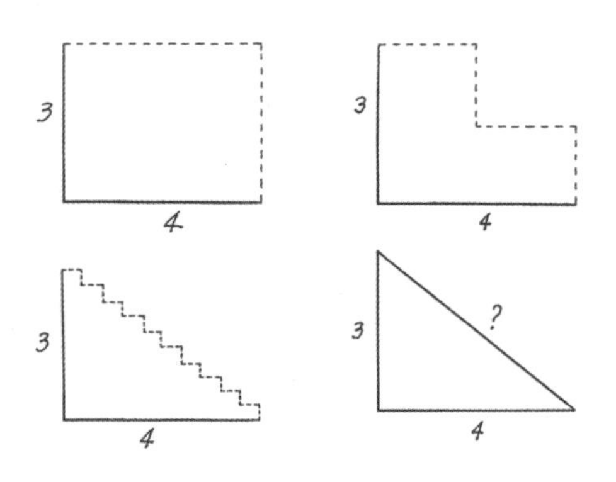

극한이 적용되는 사례를 살펴볼까요. 100m 달리기나, 쇼트트랙 등에서는 결승점에서 소수점 이하의 차이로 결정이 되곤 합니다. 사람의 눈으로 인지할 수 있는 가장 짧은 움직임은 '밀리초(1,000분의 1)' 단위이지만, 실제로는 0.01초 차이도 눈으로는 구별하기 힘듭니다. 그래서 1만분의 1초를 측정하는 카메라를 결승점에서 사용합니다. 여기서 고려할 점이 있습니다. 처음에 빨리 달리던 선수가 꼭 우승하지는 않는다는 점입니다. 어떤 선수는 처음에 빠르다가 나중에 느려지고, 어떤 선수는 처음에 늦다가 나중에 빨라지기도 합니다. 이럴 때 코치들은 선수마다 장단점을 분석합니다.

평균 빠르기도 중요하지만, 순간적인 빠르기도 알고 싶죠. 두 선수가 똑같은 시간에 들어왔다고 가정해봅시다. 두 선수가 달리는 방식은 다릅니다. A 선수는 처음에 빨리 달리다가 늦어지고 B 선수는 처음에 늦었지만, 나중에 빠른 경우입니다. 두 선수의 평균속력은 같지만, 특정 시간에는 속력이 다르다고 생각해볼 수 있습니다. 그런데 그 순간의 속력을 계산하기가 쉽지 않습니다. 속력을 나타내는 식은 속력= $\frac{\text{거리변화}}{\text{시간변화}}$ 이지만 어느 한순간의 속력은 알 수 없기 때문입니다. 속력을 v 라고 하고, 거리를 x, 시간을 나타내는 기호를 t라고 한 후, 변화를 뜻하는 기호로 Δ(델타, 뒤의 변수와 함께 읽을 때는 '델'만 사용)를 이용해 나타내면, $v = \frac{\Delta x}{\Delta t}$ 가 됩니다. Δt 는 앞에서 말한 '변수 변화'의 예입니다.

그런데 시간 변화의 기준을 얼마나 잡을까가 문제가 됩니다. 0.1초 0.01초 기준에 따라 순간 속력이 달라질 수 있습니다. 수학자들은 어떻게 해결했을까요? 앞에서 배운 무한의 개념을 사용합니다. Δt 는 0으로 무한히 가까워진다고 생각해보자고 합니다. 이를 수식으로 표현하면, $v = \lim_{\Delta t \to 0} \frac{\Delta x}{\Delta t}$ 입니다. lim은 극한(limit)을 뜻하고 Δt 가 0으로 간다고 표시하고 있습니다. 결국 Δt 가 0은 아니지만 0에 '극한'으로 가까워질 때, $\frac{\Delta x}{\Delta t}$ 의 값을 구하라는 뜻을 가지고 있습니다. 화살표 →에 속임수가 있습니다. 0에 가까워진다는 뜻이지 0은 아니라는 이야기를 담고 있습니다. 다시 말하면 시간 t가 0.0000000000001보다도 훨씬 작아 0에 가까운 아주 작은 수라는 의미가 있습니다.

설명하기에는 어려운 식이지만 실제 문제를 풀어보면 '마술'을 이용해서 깔끔하게 정리되는 경험을 할 수 있습니다. 식을 전개하는 과정에서 Δt에 관해서 분모나 분자가 같은 부분을 상쇄(서로 없앰)합니다. 그 후에는 Δt^2 값이나 Δt 등은 값이 작아 무시할 수 있다는 이유로 0을 대입합니다. 그러면 식이 아주 간단하게 정리됩니다. 앞의 무한에서도 봤지만, 수학에서 어쩔 수 없는 경우에는 근삿값을 사용합니다. 물론 미세한 차이를 무시할 수 있을 때만 그렇습니다. 근삿값은 수학자들이 가장 받아들이기 싫어하지만, 이것을 통해서 수학을 더 발전시킬 수 있었습니다. 우리가 보는 별빛들이 최소 수 광년 전의 빛이듯이 우리가 한 순간을 깨닫는 순간도 이미 지나간 순간이라는 면에서 이런 정도의 근사치는 오히려 실제 인간의 우주 인식에 더 가깝다고도 할 수 있습니다.

위상수학

오일러는 스위스인이지만 러시아에서도 활동했습니다. 예카테리나 1세가 다스리던 1727년이었습니다. 많은 논문을 발표했는데 그중에 하나가 쾨니히스베르크(Königsberg)의 다리 문제입니다. 이 도시에는 그림처럼 두 개의 섬과 육지를 연결하는 다리가 7개 있었는데, 그곳 시민들은 다리를 한 번씩만 건너면서 도시를 가로질러 걸을 수 있을지 궁금했다고 합니다. 다리가 7개밖에 안 되지만 한눈에 답을 알기가 쉽지 않습니다. 오일러는 이 문제를 풀기 위해 육지(섬이나 강둑)와 각각의 다리에 알파벳으로 이름을 붙입니다. 육지는 A, B, C, D로 대문자를 사용하고 다리는 a, b, c, d, e, f, g로 소문자를 사용합니다.

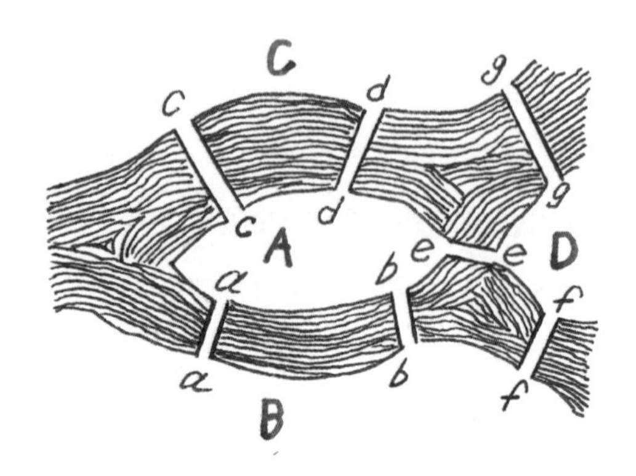

걷기 과정을 생각하면서 어느 육지와 다리로 건너는지 차례로 기호로 표시할 수 있습니다. 만약 육지 A에서 육지 B로 다리 a를 이용해 걷는다면 A_aB로 표현하는 식입니다. 육지 B에서 시작해서 다리를 건너봅시다. 그중 한 가지 방법이 $B_fD_gC_cA_aB_bA_b$가 됩니다. 건너갈 다리는 d하고 e밖에 안 남습니다. 그런데 어떤 다리를 건너도 다리 하나는 건너지 못한 채 남게 됩니다. 마찬가지로 다양한 곳에서 출발해서 시도해볼 수 있습니다. 실제 경우의 수가 그렇게 많지 않아 출발점과 건너는 다리를 바꾸어 가면 다리를 두 번 건너지 않고 모든 다리를 한 번에 건널 수 없다고 증명할 수 있습니다.

수학자들이 특수한 문제 해결을 넘어 일반적인 답을 찾기를 원하듯이 오일러도 이것에 만족하지 않습니다. 그래서 다리 건너기의 특징을 생각했습니다. 한 육지를 통과하려면 다리를 쌍(들어가고 나가고)으로 사용해야 합니다. 만약 육지가 홀수 개의 다리와 연결되어 있다면 하나는 남게 됩니다. 중요한 점은 원래의 육지로 돌아올 필요가 없다는 점입니다. 그렇다면 마지막은 다른 육지가 되겠지요. 처음 시작한 육지와 마지막 육지는 홀수개의 다리가 가능합니다. 정리를 해보면 홀수 개의 다리로 연결된 육지가 많아야 2개여야 경로가 존재할 수 있습니다. 쾨니히스베르크의 다리들은 A가 5개, B가 3개, C가 3개, D가 3개로 홀수가 3개 이상이므로 한 번에 모두 건널 수 있는 경로가 존재할 수 없습니다. 물론 모두 짝수 개의 다리가 있다면 원래의 육지로 돌아올 수 있습니다.

오일러의 방법을 쓰면 5,000개의 다리가 5,000개의 섬과 연결돼도 해법을 찾을 수 있습니다. 다리 건너기에 관한 오일러의 정리를 '한붓 그리기'라고 합니다. 오일러는 자신의 논문에서 기호를 이용해서 풀었는데 시간이 지나면서 이를 시각적으로 간단하게 표현하게 됩니다. 육지를 한 점으로 표현하고 다리를 선으로 표현할 수 있습니다. 아래 그림처럼 간단하게 표현할 수 있습니다. 1878년 실베스터(James Joseph Sylvester, 제임스 조지프 실베스터, 1814~1897)는 이런 그림을 '그래프'라는 이름을 붙입니다. 그래서 선으로 연결된 점을 연구하는 이론을 '그래프 이론'이라고 합니다.

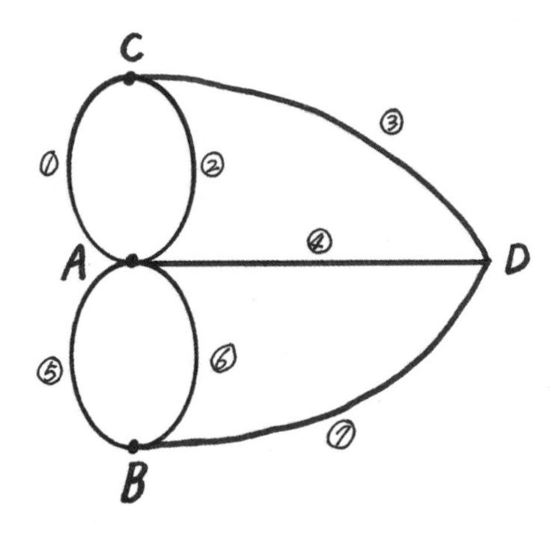

다양한 도형의 한붓그리기가 가능한지는 오일러의 정리를 적용하면 해결할 수 있습니다. 전기전도체 물질과 접속할 점들로 이뤄진 계산기의 집적회로를 만드는 데 사용되고, 철도와 고속도로 같은 다양한 도로망에 이용됩니다. 콩팥 기증자와 수혜자를 연결하는 데 쓰이기도 합니다. 일대일로 서로 주고 받는 경우는 쉽지만, 가족이나 친척 사이라도 콩팥 이식이 적합하지 않고 가족이 아니더라도 거부반응 없이 이식받을 수 있는 사례가 있는 경우에는 오일러 정리가 도움이 됩니다. 영국은 2004년 친척이 아닌 사람에게도 콩팥을 기증할 수 있도록 법을 바꿨습니다. A가 가족인 B에게 직접 콩팥을 줄 수 없다면 타인인 C에게 콩팥을 기증하고, B는 또 다른 타인 D로부터 받을 수 있도록 한 것입니다. 이는 다리를 연결하는 문제와 똑같습니다. 앞의 사례에서는 A→C, D→B의 경우입니다. 이때 C는 D에 기증하고, B는 A에 기증하는, 즉 A→C→D→B→A가 되면 연결이 모두 짝수인 경우로 모두 한 번에 연결이 됩니다. 짝수인 경우는 아무리 많다고 해도 A→B→A, 즉 A의 기증자가 B에게 주고 B의 기증자가 A에 주는 것의 확장에 불과하여 쉽게 기증 사슬이 연결되는 것을 알 수 있습니다. 문제는 홀수입니다. 갑작스럽게 사망한 장기기증자가 콩팥을 기증했을 때 주고받는 환자가 아닌 환자, 즉 받기만 하는 환자는 몇 명이 가능할까요? 한 명뿐입니다. 사람을 땅, 기증을 다리를 건너는 것으로 연결하면 오일러 정리가 적용되는 것을 이해할 수 있습니다.

이렇게 시작한 위상수학은 기하학의 한 갈래이지만 정통 기하학보다는 훨씬 유연합니다. 보통 크기를 다루는 기하학과는 달리 위치만 다루기 때문입니다. 그래서 위치나 상태를 뜻하는 위상(位相)이라는 말을 써서 위상수학이라고 합니다. 위상수학(topology, 토폴로지)은 그리스어에서 위치나 공간을 뜻하는 토포스(topos)와 이성을 뜻하는 로고스(logos)가 합쳐진 말입니다. 위상수학에서는 구부리거나 비틀거나 잡아 늘이거나 그 밖의 다른 방법을 통해 한 형태를 다른 형태로 변형시킬 수 있을 때, 두 형태를 같다고 간주합니다. 단 자르거나 구멍을 뚫는 것과 같은 변형은 허용하지 않습니다.

위상수학을 처음 언급한 사람은 데카르트입니다. 유클리드는 3차원에서 만들 수 있는 정다면체는 정사면체, 정육면체, 정팔면체, 정십이면체, 정이십면체 다섯 가지밖에 없다는 것을 증명합니다. 이유는 내각이 가장 작은 정삼각형으로 다면체를 만든다고 해도 6개는 모을 수 없습니다. 정삼각형은 한 내각이 60°이므로 6개가 되면 360°가 됩니다. 그러면 평면이 되어 입체가 될 수 없습니다. 그래서 한 꼭짓점에 모일 수 있는 면은 3, 4, 5개밖에 되지 않습니다. 1개는 평면일뿐이고, 정다각형 2개로는 공간이 비지 않게 입체로 만들 수 없기 때문입니다. 정삼각형은 정사면체, 정팔면체, 정이십면체를 만들 수 있고, 정사각형은 정육면체, 정팔각형은 정십이면체를 만들 수 있습니다. 재미있게도 축구공은 정이십면체에서 모든 꼭짓점을 자른 모양과 같습니다. 이십면체는 삼각형이 5개 모인 것이기 때문에 꼭지점을 자른 부분은 오각형이 되고, 나머지 부분은 육각형이 됩니다. 그래서 육각형과 오각형의 무늬를 가지게 됩니다. 바람을 넣으면 내부 공기의 압력으로 휘어져 구처럼 보입니다.

1639년 데카르트는 유클리드의 다섯 가지 정다면체에 관해 생각하다가 흥미로운 패턴을 발견합니다. 면수–모서리 수+꼭짓점 수는 항상 2의 값을 가집니다. 즉 $F-E+V=2$입니다(F, E, V는 각각 face[면], edge[모서리], vortex[꼭짓점]의 약어). 이 식을 보면 정다면체의 면과 모서리와 꼭짓점이 서로 관련되어 있음을 확인할 수 있습니다.

데카르트는 이 공식을 사소하게 생각해서 외부로 알리지 않았습니다. 1950년에 오일러는 이 관계식을 일반화합니다. 도넛처럼 가운데 구멍이 난 입체의 경우에는 데카르트의 공식을 수정해야 했습니다. 평면만 있는 도넛을 생각해보면 면 1개, 모서리 2개, 꼭짓점 1개가 되어서 $F-E+V=0$이 됩니다. 많이 혼동하기 쉬운 부분이 구체는 꼭짓점이 없다고 생각하는데, 위상수학에서는 꼭짓점이 1개 있다고 생각합니다. 구멍이 없는 일반 구체는 F가 1, E가 0, V가 1로 값이 2입니다. 도넛 등 구멍이 있는 입체를 포함하여 수정한 식이 $F-E+V=2-2g$(g는 구멍의 수)입니다. 이 값은 오일러 표수라고 부르고 값이 같은 경우에는 위상이 동일하다고 이야기합니다.

위상수학은 4색 정리, 뫼비우스의 띠, 매듭이론, 프랙털(fractal), 카오스 등을 설명하는 데 활용되고 있습니다. 2016년 노벨물리학상의 주제는 위상수학이었습니다. 연구자들은 물체의 형태가 바뀌더라도 변하지 않는 성질을 연구했는데, 위상수학의 특징과 연결되기 때문입니다. 수상 발표자는 구멍의 개수가 다른 빵 3개, 구멍이 없는 번(bun), 1개 있는 베이글, 3개 있는 프레첼을 가지고 와서 시선을 끌었습니다.

참석자들은 흥미롭게 위상수학과 물리학의 연결을 들을 수 있었습니다. 물리학이 아닌 컴퓨터에도 세 가지 빵은 생각할 거리를 제공합니다. 컴퓨터는 위상수학을 이용하여 빵을 간단한 데이터로 인식하여 수많은 빵을 다루는 빅데이터로 처리할 수 있습니다. 의학에도 활용됩니다. TDA(위상수학 데이터 분석)기법을 이용한 한 기업은 정상인, 부정맥 환자, 심방세동 환자 그룹 등으로 나눠 생체 데이터를 수집하고 이를 다차원 공간에 뿌린 뒤 위상학적 속성(오일러의 수)을 파악해 환자 그룹을 나눠 맞춤형 처방 기준을 제시했습니다. TDA를 활용하면 돈세탁 등 불법 거래의 이상 징후도 사전에 포착할 수 있다고 합니다.

라디안(Radian)

각도를 표시하는 방법은 대략 세 가지 정도입니다. 일상 언어로는 수레바퀴의 도는 정도를 이용하는 '바퀴'를 주로 사용합니다. 운동장을 몇 바퀴 돈다고 할 때 사용합니다. 두 번째는 우리가 도(°)를 이용해 표현하는 각도라고 하는 단위입니다. 한 바퀴가 360°로 하여 각을 재서 표현합니다. 세 번째는 라디안입니다. 라디안(radian)은 'radial angle(레이디얼 앵글)'의 약어로 번역하면 호도(弧度), 즉 각도에 해당하는 호의 길이라는 뜻입니다. 호도라는 번역어가 있지만 보통 라디안을 사용합니다. 영국의 수학자 코츠(Roger Cotes, 로저 코츠, 1682~1716)가 처음 개념을 세우고, 물리학자 톰슨(James Thomson, 제임스 톰슨, 1822~1892)이 라디안이라는 이름을 지었습니다. 각이 커지면 정비례하여 호의 길이가 길어지는 특성을 이용하여 각을 이루는 호의 길이와 반지름의 길이의 비율로 나타냅니다. 한 바퀴를 돈 경우 호의 길이는 원둘레가 되므로 라디안 값은 $\frac{원둘레}{반지름} = \frac{2\pi r}{r}$ 이 되어 2π가 됩니다. 반지름의 길이 r이 1이라고 할 때의 원둘레의 값과 같다고 생각하면 됩니다.

라디안을 쓰는 이유는 무엇일까요? 라디안은 길이를 길이로 나눈 비례이기 때문에 단위가 없습니다. '바퀴'나 °(도)와 같은 단위를 쓸 필요가 없이 무리수 π가 포함된 숫자로만 표시할 수 있습니다. 360°에 해당하는 라디안이 2π이기 때문에 π는 180°에 해당합니다. 바퀴와 각도, 라디안의 관계를 정리하면 라디안이 6π면 세 바퀴, 1080°에 해당하고, $\frac{2}{3}\pi$ 면 $\frac{1}{3}$ 바퀴, 120°에 해당하는 식입니다. 1라디안은 180°를 π로 나눈 값인 $\frac{180°}{\pi}$ 입니다. 라디안이 각도에서 출발하여 만들어졌지만, 각도로 다시 환원하여 사용하는 경우는 극히 드뭅니다. 라디안만으로도 물체의 운동이나 파동의 움직임을 해석할 수 있기 때문입니다.

라디안은 사인(sin), 코사인(cos)과 같은 삼각함수와 함께 주로 활용이 됩니다. 삼각함수는 말 그대로 삼각형과 관련된 함수입니다. 삼각함수는 삼각법에서 시작되었는데, 삼각법(trigonometry, 트리고노메트리)은 삼각형을 뜻하는 Trighnon(트라이간)과 측정을 뜻하는 Metron(메트론)의 합성어로 삼각형을 이용한 측정이라는 뜻입니다. 직각삼각형의 각을 재서 변의 길이를 계산하는 방법(삼각법)은 고대 천문학자와 탐험가에게 큰 도움을 주었습니다. 수메르인부터 그리스인, 인도인, 페르시아인까지 다양한 문명이 삼각법을 이용했습니다. 기원전 2세기의 천문학자 히파르코스(Hipparchus)는 '삼각함수의 아버지'로 여겨질 만큼 많은 삼각함수를 체계화했습니다.

오늘날과 같이 약자를 이용한 기호로 삼각함수를 사용한 수학자는 오일러입니다. 사인(sin)은 현의 길이를 표로 만들면서 시작되었습니다. 현은 원주 위의 두 점을 연결한 선분입니다. 현을 의미하는 아랍어를 라틴어로 번역하면서 sinus(시누스)라는 표현을 씁니다. 사실 sinus는 '옷의 주름, 접힘' 같은 뜻을 나타내는 말로 번역 착오에서 만들어졌습니다. 1150년경 이탈리아 수학자 게라르도(Gherardo of Cremona)가 아랍어 수학책을 번역하면서 아랍어로 현이나 사인 함수를 나타내는 jiba(지바)를 옷의 주름을 가리키는 jaib(자이브)와 혼동해서 sinus로 옮긴 데서 시작되었습니다. 영어로 표현하면서 sine이 된 것입니다. cos(코사인)의 원어인 cosine은 sine에 접두사 co가 붙은 것으로 나머지라는 뜻이 있습니다. 빗변, 높이 외에 '나머지'인 밑변과 관련된다는 의미로 해석할 수 있습니다. tangent(탄젠트)는 '접촉하다' 또는 '닿다'란 뜻의 라틴어에서 유래했습니다. 기하에서 탄젠트는 접선의 기울기의 의미가 있습니다. 좌표계에서 접선의 기울기는 좌표계에서 $\frac{y\text{의 변화}}{x\text{의 변화}}$로 구하는데, 삼각형으로 치면 $\frac{\text{높이}}{\text{밑변}}$가 됩니다. 실제로 그래프에서는 밑변의 길이와 높이를 구해서 기울기를 구하고 있습니다. 삼각형의 비례 관계는 다양한 기하 문제 해결에 중요한 수단으로 발전해왔습니다.

삼각함수는 왜 필요하게 되었을까요? 바다를 항해할 때 관찰점이 계속 변하거나 각도가 1°일 때나 35° 등은 삼각측량이 쉽지 않습니다.

미리 계산해 놓고 그 값을 이용하면 되는데, 문제는 길이가 다를 때입니다. 관찰 대상과의 거리에 따라 값이 달라질 수 있습니다. 직각삼각형의 밑변의 길이가 1m일 때와 2m일 때 등 수많은 경우마다 값을 미리 구하는 것은 어리석은 일이 됩니다. 비례식을 이용하면 이런 문제가 해결됩니다. 삼각형은 변이 3개이기 때문에 맞붙어 있는 변의 비례는 세 가지가 가능합니다. 이 비례식이 삼각함수로 발달한 것입니다. 세 가지 종류의 비례는 그림처럼 만들 수 있는데, 비례식은 이름을 가지고 있습니다.

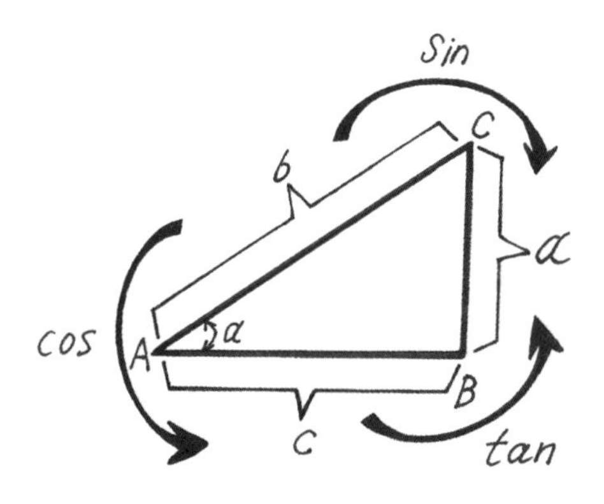

$\frac{\text{밑변}}{\text{빗변}}$ 은 코사인(cos), $\frac{\text{높이}}{\text{빗변}}$ 는 사인(sin), $\frac{\text{높이}}{\text{밑변}}$ 는 탄젠트(tan)라고 부릅니다. 재미있게도 각 삼각함수의 첫 자의 모양을 따서 생각하면 삼각함수의 해당하는 비례식을 쉽게 외울 수 있습니다. sin의 모양은 소문자 s의 필기체 모양 $\mathcal{s}$처럼 빗변에서 시작해 높이로 끝나고, cos은 $\mathcal{c}$를 쓸 때처럼 빗변에서 밑변, tan은 $\mathcal{t}$는 밑변에서 높이로 비례식을 만든다고 기억하면 됩니다. 빗변과 밑변의 사이 각을 (α)라고 할 때 삼각함수의 식은 $\cos\alpha = \frac{c}{b}$, $\sin\alpha = \frac{a}{b}$, $\tan\alpha = \frac{a}{c}$ 로 정리할 수 있습니다.

각(θ)를 x축에 나타내고 θ의 사인값을 y축에 나타내어 그래프를 그리면, 주기적인(같은 모양이 반복되는) 파동이 그려집니다. 직각 삼각형의 빗변을 회전시키면, 원과 같은 움직임을 보입니다. 빗변이 반지름인 원을 생각하면 됩니다. 그래서 $\frac{\text{높이}}{\text{빗변}}$의 비율인 sin은 빗변(반지름)이 1인 원의 높이와 같은 값을 가지게 됩니다. 이를 각도에 변화에 따라 펼쳐놓으면 전형적인 사인파(파의 모양이 사인함수가 진행되는 모양인 파) 모양의 그래프가 나오게 됩니다. 사인파 그래프의 모양은 그림과 같이 쉽게 만들어 볼 수 있습니다. 원을 반으로 자른 후 아래 반원의 왼쪽 끝점을 위 반원의 오른쪽 끝에 연결하면 됩니다.

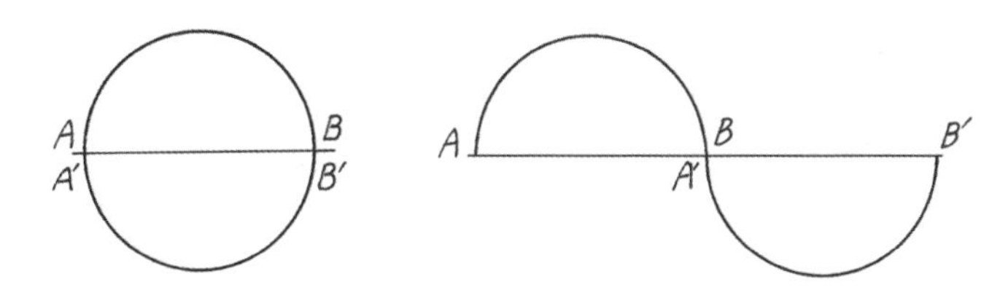

사인 그래프는 파도, 전자파 등이 보이는 파동의 모양과 같습니다. 원을 한 바퀴 돌면 원래의 위치에 오듯이 사인 그래프는 한 바퀴 돌 때마다 원래의 모양이 다시 시작되어 반복되는 특징을 가지고 있습니다. 삼각함수는 가장 기본적인 도형인 삼각형을 이용하기 때문에 쉽게 만들고 활용할 수 있습니다. 그러므로 파동과 관련이 있는 모든 현상—물리학에서 빛, 음악 소리, 해양학에서 파도, 의학에선 엑스선, 기타 공학과 건축학에서 다루는 많은 현상—을 다룰 때 삼각함수를 이용하고 있습니다.

행렬

행렬은 행과 열의 합성어이지만 영어 표현은 matrix(매트릭스)입니다. 영화 〈매트릭스(Matrix)〉에서는 '자궁'의 의미로 인공지능이 지배하는 갇힌 세계를 상징하는 표현이지만, 수학에서는 방정식의 계수와 변수를 행과 열로 바꾸어 방정식을 풀어가는 방법을 뜻합니다. 두 가지 활용은 '구조화된 세계'라는 의미에서 통합니다. 이를테면 영화 〈매트릭스(Matrix)〉는 '인공 자궁' 속에서 기계에 의해 운명이 결정되는 인간을 의미하고, 개개인의 특성이나 의지, 노력은 무의미합니다. 수학의 매트릭스도 변수의 개수와 종류가 다양한 경우에 쉽게 연산을 처리할 수 있습니다.

수학에서 행렬은 연립방정식이라는 구조와 관련이 있습니다. 행렬은 케일리(Arthur Cayley, 아서 케일리, 1821~1895)와 해밀턴이 발명했으며, 역사적으로 본다면 행렬은 '연립일차방정식의 풀이를 어떻게 하면 될까?'라고 고민한 데서 시작했습니다. 케일리는 해의 존재 여부를 판별하는 식을 생각해냈습니다. 해밀턴은 '아, 그러면 연립방정식의 계수랑 변수를 따로 떼어내서 쓰면 어떨까?'라는 생각에서 행렬이 탄생했습니다. 행렬은 요소들을 직사각형으로 배열한 다음 대괄호 '[]'나 소괄호 '()'로 묶은 계수 부분과 변수 부분을 곱하는 형태로 표현할 수 있습니다.

행렬은 벡터의 크기, 회전 변환 등에 자주 사용되는데, 이때 행렬은 벡터에 대해 함수와 같은 역할을 합니다. 그래서 함수를 주로 사용하는 프로그래밍에서는 행렬을 종종 사용합니다. 마이크로소프트의 프로그램 엑셀(EXCEL)도 행과 열로 구성되어 있는데, 고급기능으로 들어가면 벡터곱(SUMPRODCT)을 이용할 수 있습니다. 서로 다른 두 데이터의 연관되는 정도나 통계 그래프를 그릴 때 엑셀이 자주 이용되는 이유가 행렬과 기본적인 구성이 비슷하기 때문으로 생각됩니다.

충분조건 필요조건

수학의 용어들이 일상에 침투해서 사용되는 경우가 있는데, 가끔은 그 용어 뜻이 혼동되는 경우가 있습니다. 이를 테면 충분조건이라는 표현이 그렇습니다. 충분하다는 한글의 뜻이 있어서, 어떤 일의 조건이 충분히 채워져 있다는 의미로 인과관계를 설명할 때 주로 사용합니다. 하지만 수학에서 충분조건은 필요조건과 짝으로 이루어 수학 논리학에 사용합니다. 예를 들어 "사람은 동물이다"는 말이 있다면 동물보다 사람이 작기 때문에 논리가 참이 됩니다. 이때 사람은 충분조건이 되고 동물은 필요조건이 됩니다. 그림처럼 포함관계 일 때 논리가 참이 됩니다. 충분조건은 일상과 수학에서 인과 관계, 포함 관계로 서로 다른 의미를 가지고 있다고 할 수 있습니다. 일상용어와 구분하여 수학 개념을 잘 알고 있어야 합니다.

5. 문제를 해결하는 방법, 방정식

방정식은 고대부터 사용되었다

방정식은 언제부터 만들어서 사용했을까요? 동서양 모두 기원전부터 사용했다고 합니다. 당시는 화폐가 발달하지 않아 물물교환이 많았는데 그때 서로 교환하는 개수를 계산할 때 필요했습니다. 면적 등을 계산하는 기하학에도 방정식을 사용했습니다. 고대 바빌로니아 지역에서는 폭, 너비, 넓이 등을 이용해 다양한 문제들을 해결했다는 기록이 남아 있습니다. 당시는 종이가 없던 때이기에 흙을 구워서 만든 점토판을 사용했습니다. 한 점토판에는 이런 문장이 있습니다. "2개의 정사각형을 합한 어떤 땅 A의 넓이가 1,000이다. 한 정사각형의 한 변의 길이는 다른 정사각형의 한 변의 길이의 $\frac{2}{3}$보다 10만큼 작다. 두 정사각형 변의 길이는 각각 얼마인가?"입니다. 답은 30, -270인데, 길이는 음수가 될 수 없어 30이라는 답을 구할 수 있습니다. (수학식을 이용하면 $x^2 + y^2 = 1000$, $y = \frac{2}{3}x - 10$과 같습니다.)

고대 그리스 수학은 알렉산더 대왕의 영토 점령을 통해 지중해 전역으로 퍼집니다. 프톨레마이오스는 이집트를 지배하면서 이 도시에 지식인들을 모아 '알렉산드리아 도서관'을 만듭니다. 도시로 들어오는 여행객들은 갖고 있던 모든 책을 맡겨야 했는데, 원본은 도서관에 기증하고 복사본을 갖고 떠나게 했습니다. 이렇게 5세기까지 학문의 중심지였던 알렉산드리아 도서관은 로마의 침공 등으로 불타 없어집니다. 최초의 여성 수학자로 평가받는 히파티아(Hypatia, 355~415)가 기독교 광신도들에게 죽임을 당한 것은 알렉산드리아 시대의 몰락을 상징적으로 보여줍니다. 이때 많은 책과 자료들은 이슬람 지배 지역으로 넘어가게 됩니다.

그리스에서 발달한 수학은 기독교를 중심으로 한 로마 제국에서 쇠퇴합니다. 다행히 수많은 그리스 문서들이 아랍어로 번역되고 연구되었습니다. 이 시기의 유명한 학자가 알 콰리즈미입니다. 그는 칼리프(이슬람국가의 군주)의 명으로 상업에 관한 문제와 해답을 담은 책 《복원과 상쇄의 서》를 쓰게 됩니다. 책에는 상속, 유산, 분할, 법률 소송, 토지 측량 등 다양한 문제들을 1차 방정식과 2차 방정식의 일반적인 해법을 이용해 풀어냈습니다. 일반적인 해법이라는 표현은 체계적이고 정리된 해법이라고 할 수 있습니다. 제목의 '복원과 상쇄'는 지금으로 치면 등호의 양변에 같은 값을 더하거나(복원) 상숫값을 빼(상쇄)는 정리 방식을 뜻합니다. 이 책이 유럽으로 전파되어 근대 수학의 기틀을 다지는 데 중요한 역할을 합니다.

알 콰리즈미의 책 제목에 있는 '복원'의 아랍어는 알자브르(al-jabr)인데 이 문자를 따서 영어로 algebra(알지브라)라고 부르게 되는 데 우리는 대수학(代數學)이라고 표현합니다. 직역하면 '숫자를 대표하는 문자를 연구하는 학문'이라는 뜻의 대수학은 다양한 문자 및 기호가 의미하는 값을 찾아내는 학문을 말합니다. 방정식은 대수학의 한 부분이라고 할 수 있습니다. 방정식은 등호를 이용하는데, 등식의 좌변과 우변은 같은 값을 가집니다. 이때 덧셈(+)이나 뺄셈(-)에 의해 분리될 수 있는 문자와 수의 조합을 항(term)이라고 합니다. 3개 이상의 항을 포함하는 식을 다항식(polynomial, 폴리노미얼)이라고 합니다.

방정식은 원하는 결과를 얻기 위해 계산을 다양하게 하는 방법을 담고 있습니다. 그런데 산수와 방정식은 어떤 차이가 있을까요? 1,000원을 가지고 달걀을 사려고 합니다. 이때, '250원 하는 달걀을 40개를 사면 얼마일까요?'라고 하면 산수가 됩니다. 그런데 '1,000원을 가지고 250원 하는 달걀을 몇 개 살 수 있을까요?'라고 하면 방정식을 세우는 것이 됩니다. 산수에서는 더하고 곱하고 빼고 나누어 계산하면 되지만, 방정식은 풀어야 할 '문제'가 있다는 점이 다릅니다. 방정식은 $2x$-5=27과 같이 항이 2개 이상의 부분으로 이루어집니다. 2차 방정식은 제곱 항이 들어있는 방정식입니다. 연립방정식은 동시에 만족하는 2개 이상의 방정식을 묶어 말하는데, 2개 이상의 문자의 값을 찾아내는 식입니다. 뛰어난 수학 방법론을 제시한 알 콰리즈미의 이름을 따서 컴퓨터 프로그래밍에서는 '알고리즘(Algorithm)'이라는 말을 사용합니다. 알고리즘은 '과정을 통해 문제를 해결하는 방법'이라고 간단히 이해할 수 있습니다.

방정식이 필요한 이유가 있다

가장 간단한 방정식은 $ax+b=0$으로 a, b는 상수이고 x는 미지수입니다. 다양한 조건(a, b의 값 변화)마다 x의 값이 변하기 때문에 변수라는 표현을 주로 사용합니다. 방정식은 변수의 값을 찾기 위해 식을 세우고 풀어가는 과정입니다. 방정식의 기호만 보면 두려움이 생기는 사람도 있지만, 기호가 없다면 미지수는 단어로, 방정식은 문장으로, 해결해야 할 문장은 한 문단이었던 것을 생각하면 기호를 이용하여 간단하고 명료하게 표현하는 것이 얼마나 편리한지 알 수 있습니다. 수학 수업에서는 주로 방정식이 주어진 상태에서 푸는 과정에 집중하지만, 실제 생활에서는 방정식을 세우는 과정이 필요합니다. 이때 기호를 잘 사용할수록 방정식은 명확해지고 문제 해결에 도움이 됩니다. 방정식을 막상 세워보면 감으로 느낄 때와는 전혀 다른 결과가 나와 놀랄 때가 있습니다.

지구를 감싸는 끈이 있다고 해봅시다. 그런데 이 끈을 1m 더 늘린다면 지구 표면에서 얼마나 끈이 높아질까요? 방정식을 세우기 전에는 '0.1cm, 1m' 등등 다양한 답이 나올 수 있습니다. 지구를 원이라고 생각하면 지구 둘레=$2\pi\times$(지구의 반지름)이 됩니다. L을 지구 둘레, R을 지구 반지름이라고 하면 이 식은 $L=2\pi R$이 됩니다. 이때 둘레를 1m 더 늘렸다고 했으니 전체 길이는 $L+1$이 됩니다. 반지름이 더 늘어난 길이를 R°라고 하면 전체 반지름은 $R+R^\circ$가 됩니다. 이것을 식으로 정리하면 $L+1=2\pi\times(R+R^\circ)=2\pi R+2\pi R^\circ$이 됩니다. $L=2\pi R$이니 서로 상쇄한 후에는 $1=2\pi R^\circ$가 남습니다. R°는 1을 2π, 즉 6.28(π는 약 3.14)로 나눈 값이 됩니다. 약 0.16, 즉 16cm가 됩니다. 예상(?)보다 지구를 묶는 끈이 높게 뜬다는 결과가 나옵니다.

또 한 가지 예를 들어볼까요? 수박 장수가 수박을 팔고 있는데, 수박의 무게에 따라 가격을 달리해서 팔고 있습니다. 처음 샀을 때는 수분(물이 차지하는 비율)이 99%였습니다. 그런데 잘 안 팔려서 수박의 수분이 98%가 되었습니다. 이 수박의 무게는 어떻게 될까요? 수박의 무게를 M이라고 하고, 물을 제외한 무게를 구해봅시다. 물이 99%이니 물이 아닌 부분은 1%, 즉 수박 무게의 0.01만큼입니다. $M \times 0.01$, 즉 $0.01M$(미지수 앞에 숫자가 있으면 곱으로 생각합니다)이 됩니다. 수분이 98%가 된 수박의 무게를 M°라고 해봅시다. M° 수박에 물이 아닌 부분의 무게는 $0.02M^{\circ}$가 됩니다. 수박의 물이 아닌 부분의 무게는 변하지 않으니 같다고 놓을 수 있습니다. $0.02M^{\circ}=0.01M$. 그러면 $M^{\circ} = \frac{M}{2}$, 즉 원래의 무게의 반이 됩니다.

글로 볼 때와 실제 수식으로 풀어봤을 때 결과가 예상과 다를 수 있습니다. 수학이 정확한 결과를 내놓는다는 명성을 가진 이유가 이런 사례 때문이 아닐까 생각합니다. 방정식을 풀어도 예상과 같은 때도 많을 겁니다. 다만 오차가 심하게 나오는 경우는 우리가 접해보지 못한 경우일 때 나타나기 쉽습니다. 사전에 정보가 없다면 뇌는 조금 엉뚱한 예상을 내놓고는 하기 때문입니다. 다행스럽게도 우리의 뇌는 자꾸 접하면 익숙해져서 편안하게 느낀다고 합니다. 문제를 많이 풀수록 잘 푸는 이유가 그런 뇌의 작용이 있는 것은 아닐까 싶습니다.

2차 방정식의 일반형

2차 방정식을 푸는 것은 “항을 이동하여 등식의 우변을 0으로 만든 다음 좌변을 인수들의 곱으로 분해하여 답을 구하는 과정”이라고 말할 수 있습니다. 복잡한 대상을 단순한 요소들로 분해하여 문제를 해결하는 수학의 공통된 사유가 들어 있습니다. 1차 방정식은 그나마 더하기 곱하기를 양변에 하는 방식이라 사칙연산만으로 처리 가능합니다. 그런데 2차 방정식이 되면 일상생활에서 사용하는 계산 감각만으로는 풀어내기 힘듭니다. 면적을 구하거나 공간을 이동하는 물체들을 다룰 때는 2차 방정식으로 풀어야 합니다.

수학 문제를 접할 때 정답만 생각하고 과정을 무시하는 경우가 있습니다. 하나의 기하학 명제를 증명하는 과정이 여러 개 있듯이 풀이 과정이 똑같지 않은 경우가 많은데도요. 그래서 어떤 수학 교수는 정답이 틀려도 과정이 맞으면 높은 점수를 줘야 한다고 말합니다. 틀리냐 맞느냐가 아니라, 배워가는 과정을 중요하게 보는 교육 철학이 담겨 있는 의견입니다. 문제를 풀기 위해 여러 번 시도하는 사례를 살펴볼까요. 어떤 미사일의 궤적을 표현한 방정식 $100+200x-5x^2=0$이 있다고 해봅시다. 미사일이 지상에 도착할 때까지의 시간(x)을 구하는 식입니다. 식에 $x=10$을 대입해봅시다. 그러면 좌변의 값이 1,600이 나오는데 미사일이 1,600m 지점에 있다고 생각할 수 있습니다. $x=20$을 넣으면 2,100m가 나오므로 미사일은 아직 상승 중인 것 같습니다. $x=30$을 넣으면 다시 1,600m가 됩니다. 미사일이 높이 올라갔다가 떨어지는 중임을 알 수 있습니다. x=40을 넣으면, 미사일은 다시 한번 지상 100m 에 있게 됩니다. 지상에 아주 가까이 왔으니 41을 넣어봅시다. 그러면 -105m가 나옵니다. 40.5를 넣어보면 11.25m, 40.4에서는 19.2m가 나옵니다. 이렇게 하다 보면 40.4939015319… 등으로 나옵니다. 2차 방정식을 풀려면 이런 과정을 거쳐야 한다고요? 안심하세요. 이런 문제는 시험문제로 나오지 않거나 근의 공식을 이용하면 쉽게 값을 구할 수 있습니다. 다만, 정답을 찾기 전에 방정식에 담긴 뜻을 다양하게 접근해 볼 수 있는 사례입니다.

근의 공식을 이용해서 풀면 $x = 20 \pm 2\sqrt{105}$ 가 됩니다. 그런데 $20 - 2\sqrt{105}$ 는 값이 -0.4939015319…가 됩니다. 시간이 음수가 됩니다. 음의 값은 어떤 뜻으로 해석할 수 있을까요? 미사일이 0초가 아닌 그 이전에 발사되었다고 생각해 볼 수 있습니다. 방정식만 보면 0초에는 100m 위에 있었으니 음수의 크기만큼의 시간 전에 땅에서 발사되었다고 할 수 있습니다.

2차 방정식은 기하와도 관련이 있습니다. 앞에서 살펴본 이차곡면들도 2차 방정식의 형태로 표현할 수 있습니다. 형태는 다음과 같습니다. $Ax^2+Bxy+Cy^2+Dx+Ey+F=0$. 상수의 값 A, B, C, D, E, F가 0을 포함한 다양한 값(단 A, B, C 모두 0이 되면 1차 방정식으로 예외)에 따라 여러 가지 이차곡면이 됩니다. 이차곡면들은 원, 타원, 포물선, 쌍곡선이라는 네 가지에만 속합니다. 예를 들어 가장 기본적인 유형들인 $y=x^2$은 포물선, $xy=1$은 쌍곡선, $x^2+y^2=1$은 원, $x+2y^2=4$는 타원을 나타냅니다. 기본 유형이 수평 이동을 하거나 회전이동을 하는 때에는 식이 조금씩 바뀌어 기본 유형에 없던 변수들이 표현됩니다. 예를 들어 포물선이 x축을 따라 이동하면 x의 1차 항(x의 지수가 1인 항)이 식에 포함되고 회전이동을 하면 xy가 있는 항이 식에 포함될 수 있습니다.

근의 공식은 4차 방정식까지만 있다

고차 방정식은 전문적인 수학 문제 풀이 능력이 필요합니다. 앞에서 보았듯이 고대에도 2차 방정식 있었습니다. 미지수가 제곱 형태로 나타나는 형태로 면적을 구하는 방정식에서 등장합니다. 미국 예일 대학이 소장하고 있는 바빌로니아의 점토판에는 2의 제곱근, 즉 $\sqrt{2}$ 의 자릿수가 쐐기문자로 표현되어 있는데, 면적이 2인 정사각형의 한 변의 길이를 구한 것인데요. 변의 길이를 x라고 하면 $x^2=2$를 계산하는 것과 같습니다. 2차 항과 1차 항이 함께 나오는 사례도 있습니다. '어떤 정사각형의 넓이와 한 변의 길이를 합하면 $\frac{3}{4}$ 이다. 이때, 한 변의 길이를 구하면 $\frac{1}{2}$ 이다.' 이것을 현대식으로 나타나면, 한 변의 길이를 x라 할 때, 다음과 같은 2차 방정식 $x^2+x=\frac{3}{4}$ 을 얻을 수 있습니다. 매번 문제를 풀 수도 있으나 수학자들은 가장 일반적인 해결방식을 원합니다. 그래서 수학자들은 근을 찾을 수 있는 공식을 만들어 냈습니다. 2차 방정식에 대한 근의 공식은 바빌로니아 시대에도 유도되었습니다. 2차 방정식을 일반적인 표현으로 $x^2+bx=c$ 놓고 유도했습니다. 근의 공식을 이용해서 풀고 $x=-\frac{b}{2}+\sqrt{\left(\frac{b}{2}\right)^2+c}$ 의 값을 가진다고 설명합니다. 음수를 인정하지 않아 $x=-\frac{b}{2}-\sqrt{\left(\frac{b}{2}\right)^2+c}$ 는 고려하지 않고 있습니다.

x의 제곱의 계수가 1이 아닌 상수 a가 있는 경우로 확장해보면 일반적인 2차 방정식 $ax^2+bx+c=0$ 으로 놓을 수 있습니다. 여기에 근의 공식을 만드는 과정을 간단히 살펴보겠습니다. 먼저 a로 나누고, c를 우변으로 넘깁니다. 그러면 식은 $x+\frac{b}{a}x^2=-\frac{c}{a}$ 가 됩니다. 좌변이 완전제곱식이 되려면 x의 계수를 2로 나눈 후 제곱한 값을 양변에 더하면 됩니다.

$$x+\frac{b}{a}x+\frac{b^2}{(2a)^2}=-\frac{c}{a}+\frac{b^2}{(2a)^2}$$

좌변을 완전제곱식으로 바꾸고, 우변을 정리합니다.

$$\left(x+\frac{b}{2a}\right)^2=\frac{-4ac+b^2}{(2a)^2}$$

양변에 제곱근을 취합니다. 그러면 다음과 같이 됩니다.

$$x+\frac{b}{2a}=\pm\sqrt{\frac{b^2-4ac}{(2a)^2}}$$

이를 정리하면 다음과 같은 근의 공식이 나옵니다.

$$x=\frac{-b\pm\sqrt{b^2-4ac}}{2a}$$

허근을 포함하면 n차 방정식은 n개의 근을 갖습니다. 단, 중근(사실 해는 2개인데, 이 2개의 값이 같은 근)은 2개로 간주합니다. 허수를 인정하지 않는 경우에 2차 방정식의 해는 판별식(허수이냐 실수냐를 판별하는 식) b^2-4ac가 0보다 작으면 근이 없고, 0이면 중근, 0보다 크면 2개의 근을 가집니다. b^2-4ac가 작다는 이야기는 $\sqrt{b^2-4ac}$ 가 $\sqrt{-1}$, 즉 허수 i의 곱으로 나타난다는 뜻입니다.

이러한 완전제곱근을 이용한 근의 공식을 이끄는 과정은 기하를 통해 유도하는 과정을 보면 더 시각적으로 볼 수 있습니다. 바빌로니아 방식으로 문제를 만들어봅시다. “어떤 정사각형의 넓이와 한 변의 길이의 10배를 합하면 39입니다. 한 변의 길이는 얼마인가?”

한 변의 길이가 x인 정사각형을 그립니다. 그러면 면적은 x^2이 됩니다.

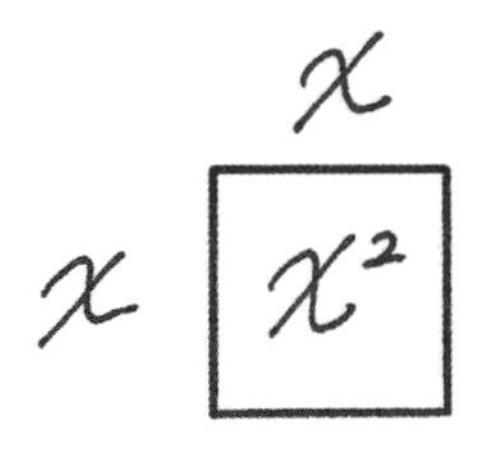

또 한 변의 길이가 10이고 한 변은 를 직사각형을 그립니다. 그리고 반을 나눕니다. 둘로 나눈 직사각형의 면적은 $5x$가 됩니다. 처음 정사각형에 2개의 직사각형을 붙입니다.

원래 문제로부터 세 사각형의 면적의 합이 39라는 것을 알고 있습니다. 면적이 39인 정사각형과 같다고 놓아봅시다.

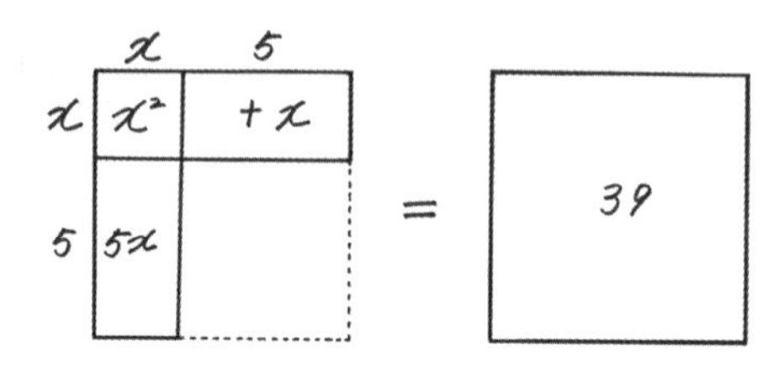

왼쪽에 있는 사각형이 정사각형이 되려면 점선 안에도 꽉 차야 합니다. 점선 안에 있는 사각형이 하나 더 필요합니다. 그 사각형은 한 변의 길이가 5인 정사각형이기에 면적이 25인 정사각이 됩니다. 양쪽에 25인 정사각형을 더합니다.

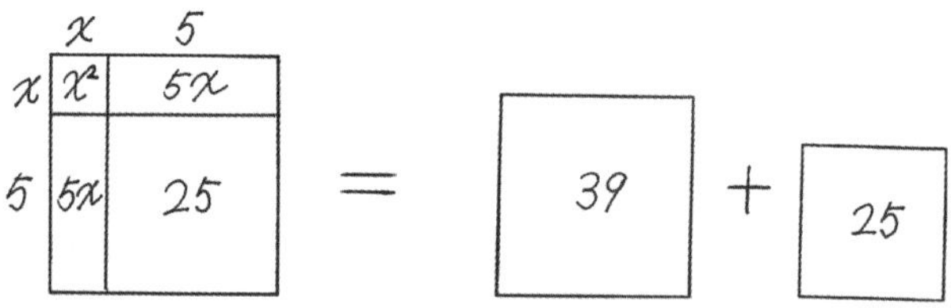

이제 그림 왼쪽 그림은 x+5 정사각형이 되었으니 면적은 x+5의 제곱이 됩니다. 그림 오른쪽에는 원래의 면적 39인 사각형에 25인 정사각형이 더해졌으니 면적은 64가 됩니다. 이를 식으로 쓰면 $(x+5)^2=64$로 표현할 수 있습니다. 양변에 제곱근을 취하면 $x+5=\pm8$이고 길이이기 때문에 음수를 버리면 $x=3$, 즉 문제에서 제시한 "어떤 정사각형"의 한 변의 길이는 3이 됩니다. 2차 방정식의 근의 공식을 완전제곱을 이용하여 유도과정을 따라가면 근의 공식을 구할 수 있습니다. 그런데 왜 완전제곱으로 했을까를 생각을 해보았나요? 처음 방정식을 풀었던 사람들은 기하, 즉 면적을 이용해 풀어갔기 때문이 아닐까 싶습니다.

지금까지 알려진 근의 공식은 4차까지 있습니다. 고대 그리스에서는 기하를 이용해 3차 방정식의 해를 구했지만, 수식을 이용해서 근을 풀어낸 것은 르네상스 시기입니다. 3차 방정식에 대한 근의 공식은 수학자라고 해도 쉽지 않았습니다. 3차 방정식 근의 공식을 만들기 위한 경쟁이 얼마나 치열했는지, 스승과 제자가 서로 주도권을 두고 싸우기도 했습니다. 5차 방정식 이상의 근의 공식은 없습니다. 5차 이상의 방정식에서 근의 공식이 없다는 증명은 아벨(Niels Henrik Abel, 닐스 헨드릭스 아벨, 1802~1829)과 갈루아(Évariste Galois, 에바리스트 갈루아, 1811~1832)에게서 나옵니다. 둘 다 20대 초반의 나이에 이 증명을 했는데, 논문 심사 위원들의 나태와 무능으로 정당한 평가를 받지 못하고 각각 병과 결투로 인해 죽음에 이르렀습니다. 아벨은 죽음 이후에 노르웨이의 국민영웅이 되었고, 많은 기념비가 세워졌습니다. 갈루아는 이 증명과정에서 현대 수학에서 중요한 이론인 '군(Group)' 이론을 탄생시킵니다. 어려운 이론이지만 간단히 설명하면, 방정식의 해들이 속한 원소(元素, element: 집합을 이루는 개체)들이 반사와 회전에서 대칭이 되어야만 하나의 근의 공식으로 묶일 수 있다는 증명입니다. 5차 방정식은 이런 대칭이 되는 요소들을 가지지 못하기 때문에 근의 공식의 해를 구할 수 없다고 증명하였습니다.

변수가 하나일 때의 1차 방정식은 간단한 계산으로, 2차 방정식은 인수분해로 푸는 경우가 있지만, 근의 공식을 이용하면 모든 문제를 해결할 수 있습니다. 그런데 변수가 x 하나가 아니라 x, y 2개라면 어떻게 될까요? 1차 방정식의 경우라고 해도 방정식 하나로는 풀 수가 없습니다. 예를 들어 $2x+y=10$에서 x, y와 값은 여러 가지가 가능합니다. x와 y를 자연수로만 한다고 해도 $x=1$일 때 $y=8$, 2일 때는 6, 3일 때는 4, 4일 때는 2, 5일 때는 0 등 다섯 가지 답을 가집니다. 정확한 답을 찾으려고 한다면 변수가 늘어나는 만큼 추가 방정식이 있으면 풀 수 있습니다. 앞의 방정식 외에 $x+y=8$과 같은 방정식이 또 있으면 '연립'해서 풀 수 있습니다. 이때는 $x=2$, $y=6$이라는 값을 얻을 수 있습니다.

전혀 다른 관점에서 이런 여러 값을 그대로 활용하는 방법이 있습니다. x값의 변화에 대해 y값이 정해진다는 것을 바탕으로 식을 정리해 보면 $2x+y=10$은 $y=-2x+10$으로 바꿀 수 있습니다. 이때 우변만 생각한다면 x의 변화에 따라 어떤 결과를 내놓기 위한 '작용'을 하고 있다고 생각할 수 있습니다. 이어지는 함수 관련 내용에서 더 설명하겠지만 그 '작용'에 함수의 의미가 담겨 있습니다.

완전제곱식의 다차원 방정식에는 패턴이 있다

2차 방정식에서 보듯이 완전제곱식은 다차원 방정식을 이해하는 중요한 수단이 됩니다. 흥미롭게도 파스칼은 완전제곱식을 이용하여 다차원 방정식의 계수 관계를 정리하였습니다. 여러 가지 형태가 공통의 특징을 가질 때 수학에서는 패턴이 있다고 합니다. 두 가지 변수의 거듭제곱을 전개할 때, 변수 앞의 계수에는 일정한 패턴이 존재하는데 파스칼의 삼각형(Pascal's triangle)이라고 부릅니다. 기원전 인도에서 이 패턴을 처음 찾은 것으로 알려져 있습니다. 파스칼의 삼각형을 이용하면 다차원 방정식의 계수를 쉽게 구할 수 있습니다. 2개의 항을 가진 방정식 (a+b)를 거듭제곱하여 풀 때 계수와 전개식의 그림입니다. 양 끝을 1로 두고 사이에 있는 값은 위에 있는 두 수를 더하면 계수들을 모두 구할 수 있습니다. 오른쪽의 실제 전개되는 식을 보면 일치하는 것을 알 수 있습니다.

1
1 1
1 2 1
1 3 3 1
⋮

$$(a+b)^1 = a+b$$
$$(a+b)^2 = a^2+2ab+b^2$$
$$(a+b)^3 = a^3+3a^2b+3ab^2+b^2$$

이때 a 대신에 x를 넣거나 b 대신에 숫자 1이나 변수 y를 넣어도 형태는 그대로 유지되기에, 파스칼의 삼각형을 이용하면 거듭제곱 형태의 다양한 방정식을 쉽게 풀어쓸 수 있습니다. 이때 삼각형의 양쪽 빗면의 숫자는 '1'로 하는데, x 앞에 계수가 있으면 그만큼 나누어 1로 만들면 됩니다.

파스칼의 삼각형은 다차원 방정식의 계수를 쉽게 구하는 특징 외에도 다양한 패턴을 보여줍니다. 먼저 오른쪽에서 왼쪽으로 내려오는 숫자들의 열을 보면 첫 대각선은 1로만 이루어져 있고 두 번째 대각선은 자연수를 순서대로 나열하고, 세 번째 대각선은 공을 삼각형 모양으로 쌓을 때 필요한 수(삼각수)들이 순서대로 나열되어 있습니다. 특정한 개수의 공을 배열하여 정삼각형이나 정사각형, 정오각형을 만들 수 있다면, 그 개수를 삼각수, 사각수, 오각수 등의 다각수라고 합니다. 유클리드는 어떤 경우에 사각수(=제곱수) 2개를 더한 결과가 다시 사각수가 되는지 알려주는 공식을 제시하기도 하였습니다. 3의 사각수와 4의 사각수의 합은 5의 사각수의 합과 같습니다. 피타고라스의 정리 결과와 일치합니다. 네 번째 대각선은 볼을 사면체(삼각형이 4개인 입체)로 쌓을 때 필요한 수가 나열되어 있습니다.

각 행의 합은 2의 거듭제곱과 같은 값을 나타냅니다. 1, 4, 8, 16, 32… 등입니다. 다섯 번째 행을 모두 합하면 1+5+10+10+5+1=32가 되어 2^5의 값과 같습니다. 또 다음 그림처럼 왼쪽에서 오른쪽 대각선 아래로 합하면 피보나치수열과 일치합니다.

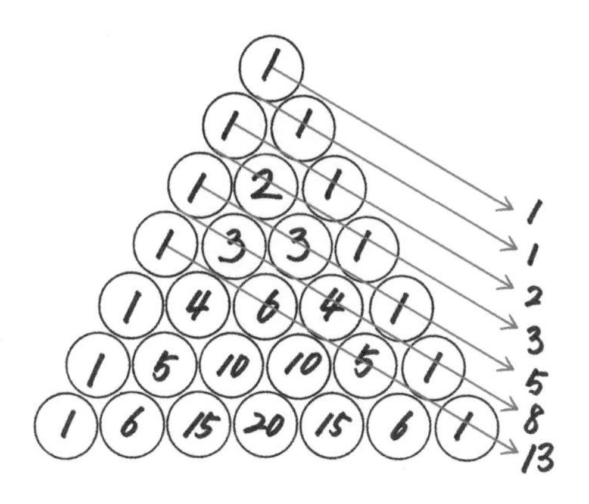

파스칼의 삼각형의 계수는 확률을 계산할 때도 사용할 수 있습니다. 두 가지 중에서 선택할 때 횟수에 따른 경우의 수와 같습니다. 동전을 던진다고 해봅시다. 1행은 아무것도 하지 않아 1입니다. 2번째 행에서는 동전을 한 번 던진다면 앞면이 나올 경우가 1, 뒷면이 나올 경우가 1입니다. 전체 경우의 수가 2이므로 각각의 확률은 $\frac{1}{2}$이 됩니다. 동전을 두 번 던진다면, 앞면이 두 번 나올 경우는 1, 앞과 뒤가 한 번씩 나올 경우는 2, 뒷면만 두 번 나올 경우는 1이 됩니다. 전체 경우의 수가 4이므로 각각의 확률은 $\frac{1}{4}$, $\frac{2}{4}$, $\frac{1}{4}$이 됩니다. 세 번 던진다면 앞면만 세 번일 확률은 $\frac{1}{8}$, 앞면 두 번 뒷면 한 번은 $\frac{3}{8}$, 앞면 한 번 뒷면 두 번은 $\frac{3}{8}$, 뒷면만 세 번은 $\frac{1}{8}$이 됩니다.

6. 함수 이야기

방정식과 함수는 다르다

함수는 영어의 function(펑션)을 번역한 것입니다. 19세기 중국에 간 선교사들은 함수를 설명하기 위해 가장 발음이 비슷한 한자를 찾습니다. 함수(函數)의 중국어 발음은 [han shu](한:슈)입니다. 직역하면 '상자 속의 수'라는 뜻이 function과 비슷하여 이 한자를 선택한 것으로 보입니다. 초등학교 교과서에서 함수를 '마법상자'로 비유해 설명한 것과도 통합니다. 방정식과 함수의 겉모양은 비슷하나 함수는 '기능'에 초점이 있다는 부분이 다릅니다. 등호를 사용하지만 엄밀하게는 '식'이 아닙니다. 방정식과 함수의 차이를 보면 함수의 의미를 더 잘 알 수 있습니다.

함수는 변수 x와 y사이에 'x의 값이 정해지면, y값이 정해지'는 관계가 있을 때, y는 x의 함수라고 합니다. 방정식에서 좌변에 y만 남도록 정리하면 함수의 모양이 나옵니다. 변수가 2개이고 y가 1차(제곱이 없는)일 때 서로 모양이 비슷한 방정식과 함수는 무슨 차이가 있을까요? 변수가 2개인 1차 방정식과 1차 함수를 보면 다음과 같습니다. 참고로 미지수 개수(m)에 따라서 m원 방정식(함수)이라 하고, 미지수의 최고 차수(n)에 따라서 n차 방정식(함수)이라고 합니다.

$ax+by+c=0$ $(a \neq 0, b \neq 0)$ 변수가 2개인 1차 방정식

$y=ax+b$ $(a \neq 0)$ 1차 함수

위의 1차 방정식을 아래 모양처럼 바꿀 수 있습니다. $y = \frac{a}{b}x + \frac{c}{b}$ $(a \neq 0, b \neq 0)$ 사실상 같은 식으로 볼 수 있지만, 의미는 다릅니다. 방정식은 x와 y의 해를 구하는 것이 목적이지만, 함수에서는 y의 값이 아닌 x의 변화에 따라서 나타나는 결과를 중요하게 생각합니다. 그래서 y 대신에 $f(x)$를 사용하여 $f(x)=ax+b$라고도 표현합니다. $f(x)$는 오일러가 1734년에 자신의 책에서 처음 사용했습니다. 그는 함수를 의미하는 function의 첫 자 'f'를 따서 $f(x)$ 기호를 만들었습니다. 중요한 점은 수학자들이 방정식을 다양하게 활용하는 과정에서 어떤 목적을 해결할 수 있는 수단이 될 수 있는 '함수'를 발견했다는 것입니다.

방정식 $ax+by+c=0$는 해가 되는 값이 너무 많아 최소한 하나 이상의 방정식이 '더' 있어야 특정한 값을 찾을 수 있습니다. 반면에 $y=ax+b$는 값을 찾는 것이 아니라 x값에 따른 '관계'를 보는 것을 목적으로 합니다. 함수의 그래프는 x의 변화에 따른 '움직임'을 살펴볼 수 있습니다. 함수에 등호가 있기는 하나, 결과에 불과할 뿐 좌변에 더하고, 빼고 나누고 곱하는 과정이 없습니다. 우변만 고려합니다. 역사적으로 함수는 미적분학에서 처음 시간에 따른 물체 위치의 변화를 기술하면

서 나왔습니다. 목적을 수행하는 컴퓨터 프로그래밍을 다른 말로 "함수를 짠다"고 한 이유도 어떤 목적을 이루는 방법인 함수의 역할을 보여줍니다.

함수의 의미는 '관계', '변환', '수학적 규칙' 등 다양하게 표현할 수 있습니다. 관계는 x의 변화에 따른 결과라는 '상황'에 초점을 둡니다. 예를 들어, $f(x)=3x+5$라고 할 때 x가 1, 2, 3…이라고 하고 결괏값이 8, 11, 14…라고 한다면 관계는 $3x+5$로 나타낼 수 있다는 뜻입니다. 변환은 x를 원하는 어떤 '결괏값'으로 바꾼다는 의미를 둔 표현입니다. 예를 들어 크기, 방향 등을 변화시키는 경우입니다. 수학적 규칙이라는 표현은 기능(function)을 수행하지만 '수학에서 정한 규칙' 안에 있어야 한다는 점을 강조한 표현입니다.

짝짓기 게임에는 함수가 있다

함수는 간단히 설명하면 '현상 속에서 규칙을 찾아내어 그 관계를 표현한 것'이라고 이해할 수 있습니다. 음료 자판기를 보면 동전과 음료 사이에는 인과관계가 성립합니다. 동전을 넣고(X) 버튼을 누르면(f) 음료가 나오(Y)게 됩니다. 200원을 넣으면 커피가 나오는 커피자판기에는 "f(200원)=커피"로 쓸 수 있겠죠. 함수에서는 원인과 결과를 나타내는 인과관계를 포괄적으로 해석해서 '대응관계'라는 말을 사용합니다. 수학에서 함수를 다룰 때는 주로 수로 다루지만, 응용 분야에서는 다양한 데이터를 다루기도 합니다.

기능을 명확하기 위해서 함수는 몇 가지 규칙이 필요합니다. 첫째, 하나에 하나를 대응시켜야 합니다. 수식으로 보자면 x의 값에는 단 하나의 결과만 있어야 합니다. 결과가 2개 이상이면 원하는 결과가 불명확해지기 때문입니다. 그런데 방정식은 2개 이상의 값을 가질 수 있습니다. 그래서 $x-y^2=0$은 방정식이기는 하지만 함수는 아니라고 할 수 있습니다. x가 1일 때 y는 +1, -1 두 가지 값을 가지게 되기 때문입니다. 대신에 $y>0$라는 조건을 가지면 y는 하나만 값이 되므로 함수가 될 수 있습니다.

두 번째는 보내면 반드시 받는 쪽이 있어야 합니다. 함수에서 궁극적으로 알고 싶은 것은 어떤 방식으로 관계를 맺어 대응하는가 하는 것입니다. TV 예능에서 하는 '짝짓기 게임'을 통해 함수를 이해할 수 있습니다. 어떤 바람둥이가 여러 사람에게 사랑의 화살을 보낸다면 관계가 모호해집니다. 화살을 허공에 보낸다면 더욱 곤란해집니다. 대신 어떤 사람은 두 사람 이상에게서 화살을 받을 수 있습니다. 짝을 지으려는 함수의 규칙이 왜 필요한지 이해할 수 있죠. 이 부분을 조금 수학적으로 표현하면, 함수는 기본적으로 한 집합(X)의 원소에서 다른 집합(Y)의 원소로 짝짓기(대응)하는 과정이라고 할 수 있습니다. 집합 기호는 대문자를 사용합니다.

하나에 하나를 대응한다는 의미는 집합 X의 한 원소에는 하나의 값만을 가진다는 뜻이며, 연결되는 집합(Y)의 원소의 값이 같은지 다른지는 관계가 없습니다. 이때 집합 X를 정의역이라고 하고, 집합 Y는 공역이라고 합니다. 집합 X에서 연결되는 집합 Y의 값들은 치역이라고 합니다. 정의역(定義域)은 domain(도메인)의 번역어로 원래의 '범위'라는 뜻에서 특정한 값들을 정의한다는 의미를 더했습니다. 정의역은 '함수의 입력값들이 다루어지는 범위'로 이해할 수 있습니다. 공역(共域)은 영어로 target set(타깃 세트)인데 '대상 범위'를 뜻합니다. 치역(値域)은 영어로는 range(레인지)에 해당하며 '함수의 결괏값'을 뜻합니다.

방정식에는 없는 조건이 함수에 붙는 것은 함수가 해야 할 '기능'을 위해서입니다. 하지만 많은 방정식은 함수이기도 합니다. 예외적인 경우는 하나의 x에 두 가지 결괏값이 나타날 때입니다. 원의 방정식이 그러한 예입니다. $x^2+y^2=1$이라는 원의 방정식을 함수처럼 바꾸면 $y=\pm\sqrt{1-x^2}$ 이 됩니다. 어떤 x 에 대해서도 y는 ±라는 두 가지 값을 가지게 됩니다. 만약 $y>0$으로 제한을 두어 $y=\sqrt{1-x^2}$ 이라고만 한다면 함수가 됩니다.

사다리 타기에는 일대일대응이 있다

'사다리 타기'는 어떻게 복잡하게 그려도 한 사람에 하나의 결과에만 연결됩니다. 만약 여러 사람이 같은 결과에 도달한다면, 벌칙을 한 사람에게 몰아주는 사다리 타기의 재미는 줄어듭니다. 사타리 타기 같이 모든 정의역의 값들이 다른 결괏값에 연결되고, 결괏값은 공역의 모든 값에 해당하는 경우를 '일대일대응'이라고 합니다. 함수에서 일대일대응을 이야기하는 이유는 역함수 때문입니다. 역함수는 함수의 방향이 거꾸로 된 함수를 뜻합니다. $y=f(x)$라는 함수가 있다면 $x=f^{-1}(y)$가 가능한 함수를 말합니다. f^{-1}는 역함수를 표시하는 기호입니다. 사다리타기로 본다면 '심부름', '○○원', '면제' 등의 결괏값에서 거꾸로 대상자를 찾아가는 방법과 같습니다.

여기서 잠깐 사다리 타기가 일대일대응이라는 것을 증명해봅시다. 수학에서 자주 사용하는 방법으로 전체가 한 부분과 동일한 규칙을 가지고 있을 때 한 부분만 떼어내어 증명하는 방법을 사용해봅시다. 맨 앞의 그림처럼 사다리 타기의 기본 모형을 가정합시다. 이 사다리가 일대일대응임을 알아보기 위해서 다음 그림처럼 가로선이 있는 곳마다 잘라봅시다. 그러면 맨 밑의 그림처럼 사다리 모양이 나옵니다. 잘린 그림을 보면 일대일대응을 쉽게 확인할 수 있습니다. 3, 4는 그대로 결과로 향하고, 1과 2는 서로 엇갈려 하나씩 대응하는 것을 보여줍니다. 어떤 함수를 해석할 때나 함수를 구성할 때 이렇게 기본형으로 분해하는 게 큰 도움이 됩니다.

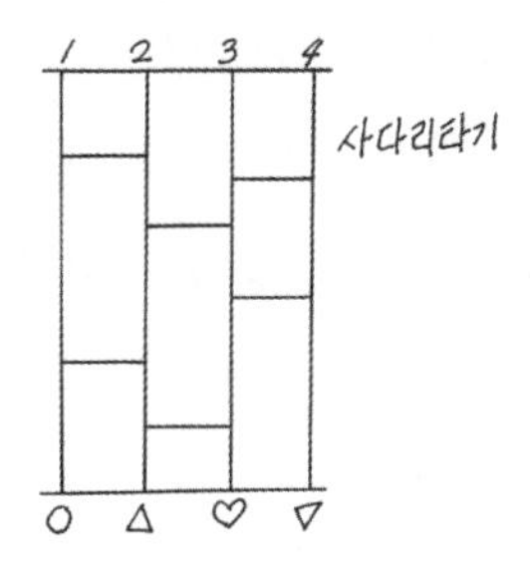

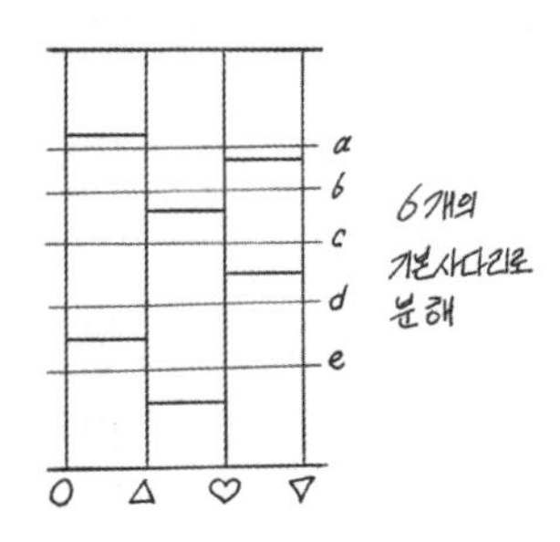

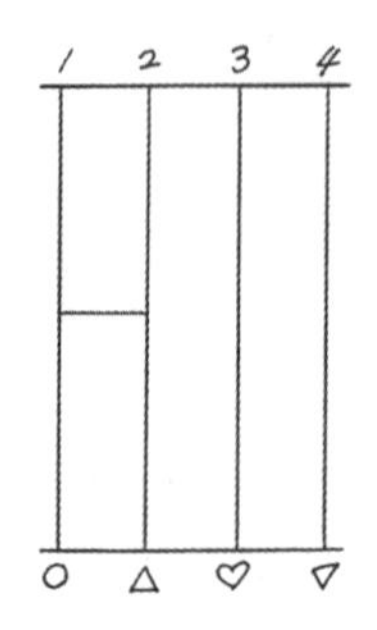

이렇게 전체와 일부분의 특징이 일치하는 모양을 수학에서는 프랙털이라고 합니다. 일부 작은 조각이 전체와 비슷한 기하학적 형태를 말하는 프랙털(fractal)은 조각났다는 뜻의 라틴어 형용사 'fractus(프랙투스)'에서 유래했습니다. 프랙털의 가장 대표적인 사례는 고사리입니다. 고사리는 수십 개의 작은 잎으로 이루어져 있는데, 그 각각의 잎이 마치 미니고사리처럼 보입니다. 작은 모양을 통해 전체 모양을 담은 그림의 경우에, 이 원리를 이용하면 찾아낸 이미지 영역을 타일로 사용해서 전체 이미지를 그릴 수도 있습니다. 작은 얼굴 사진들을 모아 큰 얼굴을 그린 작품이 그런 사례입니다.

수를 세는 개념이 없던 시절, 사람들이 양을 세는 방법은 돌을 이용하는 것이었습니다. 자갈돌이 들어 있는 항아리를 놓고, 양 한 마리가 나갈 때마다 항아리에 있는 돌을 하나씩 밖으로 내어놓습니다. 다시 양들이 한 마리씩 돌아올 때마다 돌을 하나씩 항아리에 집어넣었습니다. 이러한 대응 방식을 통해 양이 전부 들어왔는지, 아니면 잃어버린 양을 찾으러 나가야 하는지 가늠할 수 있었습니다. 만약 A돌은 '가'양을, B돌은 '나'양처럼 돌마다 특정한 양을 표시한다면 길 잃은 양이 어떤 양인지도 알 수 있겠지요. 일대일대응 관계가 성립하게 됩니다. 이렇게 일대일로 대응시키는 방법은 인간에게 자연스러운 사고방식이라고 할 수 있습니다. 칸토르는 일대일대응을 통해 유한에서 무한으로 가는 체계적인 방법을 제시합니다. 앞에서 본 '무한호텔'은 그 과정을 재미있게 보여줍니다. 그는 무한집합이라도 일대일대응 관계가 성립하면 두 집합의 크기는 같다고 정의하였습니다. 조금 어려운 이야기이지만 이로부터 집합론과 무한을 다루는 방법이 만들어졌다는 점은 기억해둘 필요가 있습니다. 《수학멘토》의 저자 장우석은 "수학의 역사에서 새로운 시대를 연, 창조적인 생각은 대부분 지극히 상식적이고 뻔한 것을 다시 생각해보고 정확히 출발한 것"이라고 이야기합니다.

그래프를 보면 미래가 보인다

데카르트는 좌표계를 이용하여 방정식의 그래프를 그린다는 생각을 도입했습니다. 수학 그래프는 통상 x축과 y축이 직각으로 만나 이루는 평면에 그립니다. 이 평면에 임의의 점은 '순서쌍'(x, y)으로 표현할 수 있습니다. 이때 x의 값은 y축에서 떨어진 거리, y는 x축에서 떨어진 거리를 의미합니다. 이런 평면이나 공간을 '데카르트 좌표계'라고 부르지만 x와 y가 이루는 평면이라는 뜻으로 'xy평면'이라고도 부릅니다. 이 평면은 데이터를 이용해 그래프로 만들고, 숨어 있는 관계를 드러내는 양적 연구 분야라면 어디에건 쓰입니다. x와 y 사이에 어떤 관계가 성립하는지 시각화하는 데 사용합니다. 그런 관계는 변수를 이용한 함수로 모형화할 수 있습니다. 이때 함수의 그래프 식 y=f(x)는 변수 y('종속' 변수라고 부릅니다)가 x('독립' 변수)에 어떻게 종속하는지 나타냅니다.

방정식도 그래프로 그려서 사용하지만, 함수의 그래프가 더 많이 사용되고 있습니다. 중요한 것은 좌표계를 통해 대수식을 기하로 표현할 수 있고, 기하를 대수식으로 만들 수 있다는 점입니다. 함수는 워낙 다양하기에 그래프의 종류도 다양합니다. 대표적인 함수 그래프는 1차 함수, 2차 함수, 3차 함수, 지수함수, 로그함수, 삼각함수, 기하 그래프 등입니다. 중요한 함수 그래프의 기본 유형을 숙지해 두면 x, y '관계'의 특징을 한눈에 알 수 있습니다. x는 주로 시간, 각도 등을 나타내는 값들이 주로 사용됩니다. y는 속도, 거리, 에너지, 인구 변화 등 다양한 값들에 사용합니다.

(1) 2차 함수 그래프

그림처럼 위쪽으로 벌어진 그래프는 $y=ax^2(a>0)$에 해당하는 2차 함수 그래프입니다. 포물선 그래프와 동일합니다. x축에 대칭인 그래프는 $y=-ax^2(a>0)$입니다. 밑의 그래프는 분수나 아치형 다리 등에서 볼 수 있는 포물선 모양인데, 통계에서는 이런 모양을 종형 그래프라고 합니다. 우리가 n차(x의 n제곱) 함수라고 할 때 이 함수는 지수(어떤 상수의 x제곱) 함수와 구별하여 멱함수라고 합니다. a가 상수인 a^x과 같은 형태는 지수함수라고 하고, 밑이 변수인 x^a 형태는 멱함수라고 하는데 지수와 밑이 서로 반대입니다. 멱이라는 말은 영어로는 power(거듭제곱을 뜻함)를 번역한 것으로 '덮다'는 뜻의 '멱(冪)'을 통해 '거듭'의 의미로 사용하고 있습니다.

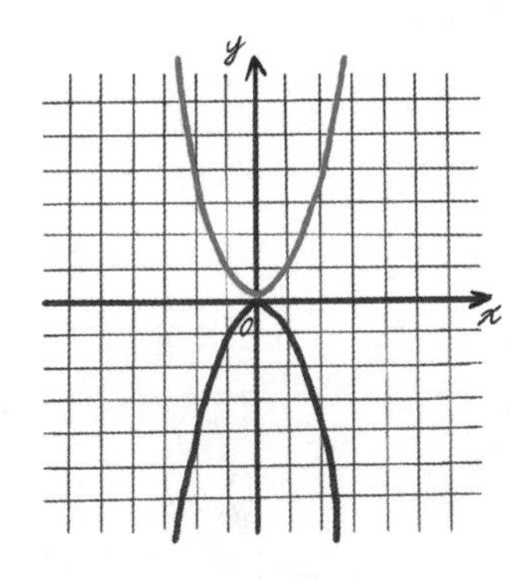

멱함수의 지수 중에는 0보다 작은 경우도 종종 만날 수 있습니다. 다음 그림은 $y=x^{-0.5}$의 그래프입니다. 2차 함수와는 그래프 모양이 많이 다릅니다. 멱함수는 통계와 자연현상을 설명할 때 자주 만날 수 있습니다. 특히 지수가 −2인 멱함수 $y=x^{-2}$ 는 소리가 멀리 퍼져나갈수록 작아지는 것처럼 파동과 힘이 3차원 공간에서 퍼져나가면서 약해지는 모습을 나타내기에 적합합니다.

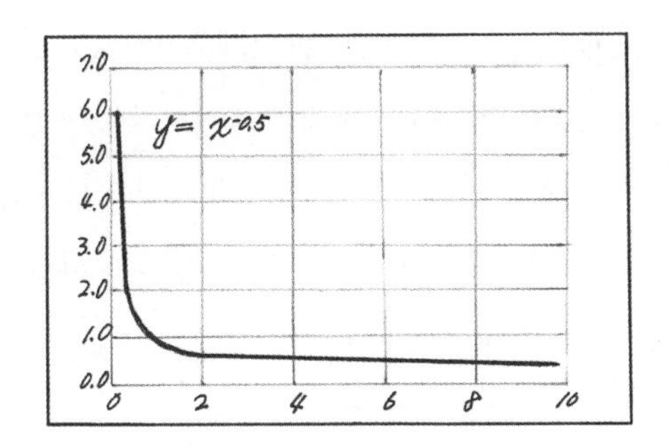

(2) 지수 함수 그래프

$y=a^x(a>0)$인 그래프입니다. 지수는 변수가 x이고, 밑인 a는 상수입니다. 온갖 종류의 폭발적인 성장을 표현하는 데 적합한 그래프로 기하급수적으로 증가합니다. 원금을 포함하는 은행의 복리는 지수 함수적인 증가로 나타납니다. 식물의 생장이나 전염병의 확산, 인구의 변화, 방사능의 발달 등에서도 지수 함수의 유형을 찾을 수 있습니다.

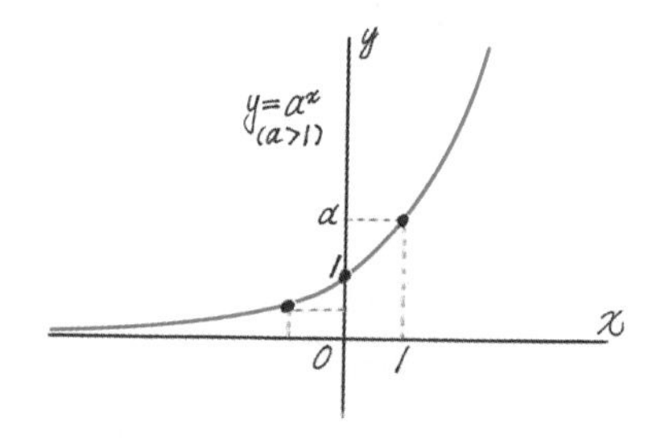

기하급수와 관련해서 수학 사고에서 중요한 것은 기하급수의 무서움을 아는 것일지 모릅니다. 세계를 뒤흔든 경제 사건 중에는 '폰지 사기(ponzi scheme)'가 있습니다. 폰지라는 사람이 최초로 일으킨 사건인데요. 폰지는 자신에게 돈을 맡기면 3개월마다 2배씩 돌려주겠다고 합니다. 지수함수로 이야기하면 x가 투자 횟수가 되고 a는 2가 되겠지요. 처음에는 정말 두 배씩 돌려줍니다. 그만큼의 수익을 낼 방법은 세상에 없으니, 새롭게 투자한 사람의 돈으로 이전에 투자한 사람에게 준 것이죠. 소문이 나자 사람들이 몰리고 원래 투자했던 사람들도 재투자합니다. 그런데 조금만 생각해봐도 문제가 되는 것을 금방 알 수 있습니다.

100원을 투자했다고 해봅시다. 그러면 3개월 있다가 두 배인 200원이 됩니다. 그대로 재투자했다고 하면 1년이 지날 때는 1,600원이 됩니다. 그리고 4년이 지나면 원금의 2^{16}배가 되어 약 6,553,600원이 됩니다. 한 사람에게 이 정도인데 수천 명이 몰렸으니 감당할 수 없게 됩니다.

말도 안 되는 엉터리에 속을까 싶지요? 이 폰지라는 사람이 이런 사기를 친 것은 1920년대 미국이었는데, 1970년에도 미국에서 메이도프(Madoff)라는 사람이 비슷한 사건을 일으킵니다. 메이도프는 나스닥 증권 거래소 위원장이었고, 10%만 보장해준다고 해서 폰지와 달라 보였습니다. 하지만 10%, 즉 원금의 1.1배도 작은 것이 아닙니다. 계산해 볼까요? 이번에는 $(1.1)^{16}$인데, 원금의 4.6배가 됩니다. 돈이 된다면 급격히 몰리는 증권시장이다보니 메이도프는 멀지 않은 시간에 원금을 돌려주지 못해 파산합니다. 손실금액은 150억 달러였습니다. 국내에도 비슷한 사건이 있었죠. 20% 할인을 내세운 상품권 모바일 플랫폼이 있었습니다. 금융감독원이 일찍 개입했기에 비교적 손실이 적은 편이었지만 어떤 사람은 수백만 원의 손해를 보기도 했습니다. 지수함수적으로 늘어가는 금액을 갚아줄 기업은 존재할 수 없음에도 사람들이 얻을 이익만 생각하기에 같은 사기가 반복되는 것 같습니다. 수학이 때로 냉정하게 판단할 수 있는 생각법이라는 증거가 아닐까 싶습니다.

(3) 로그 함수 그래프

지수 함수처럼 증가하는 상황을 나타내면서도 완만한 상승을 보이는 그래프가 로그 그래프입니다. 주로 $y = \log_a x$ 로 표현합니다. 처음에 급격하게 커지다가 시간이 갈수록 y값의 크기가 느슨하게 성장하는 모양을 나타냅니다. 로그 함수는 지수 함수의 역함수입니다. 역함수들은 $y=x$라는 직선에 대칭인데 두 그래프와 직선을 그려놓고 보면 대칭인 것을 확인할 수 있습니다.

수에 관한 설명에서 아이가 태어나면 큰 수의 차이를 잘 모른다고 했는데, 인간의 수 감각이 로그 함수 그래프와 비슷하게 나타나는 것을 알 수 있습니다. 감각과 관련하여 다른 연구 결과도 있습니다. 1940년대 베버(Ernst Weber)는 흥미로운 실험을 했습니다. 피험자들에게 양손에 물건을 들게 하고 그중 하나가 다른 것보다 얼마나 무거운지를 확인하는 실험이었습니다. 결과는 가벼운 두 가지 비교에서는 약간의 차이도 알아차리지만, 무거운 것은 무게의 차이가 클 때만 알아차렸습니다. 쉽게 말하면 무거운 물체일수록 무게 감각이 떨어진다는 이야기입니다. 감각의 로그적인 성격을 확인할 수 있습니다.

시각, 청각 같은 다른 종류의 감각도 이와 같은 결과를 보입니다. 밤에는 작은 소리만 나도 들리지만, 소음이 심한 낮에는 웬만한 소리는 들리지 않습니다. 큰 자극일수록 덜 민감하기 때문입니다. 만약 모든 소리에 민감하게 작용한다면 살아남기 힘들 것입니다. 움직이는 발걸음 소리도 들을 수 있는 생쥐가 천둥소리를 같은 감각으로 듣는다면 귀가 망가질 것이기 때문입니다. 로그는 이런 현상을 설명하는 가장 유용한 함수입니다. 생명체는 "(감각)=log(자극)"의 형태로 자극이 커지더라도 감각은 덜 반응하게 진화하였다고 할 수 있습니다.

《마음에도 공식이 있나요?》에서 저자는 $y = \log_{10}x$ 라는 식을 통해 공부한 기간과 학업 성취도의 관계를 흥미롭게 풀어냈습니다. x는 공부한 기간, y는 학업 성취도입니다. x는 1로 시작하고, 성취도는 0입니다. x가 10, 즉 10년 더 공부한 사람은 밑이 10이기에 y값이 1이 됩니다. 공부를 안 한 사람보다 전문성이 1만큼 앞서갑니다. 또다시 10년이 지난 뒤 나의 전문성 정도는 1이고 이미 10년을 공부한 상대방은 1.3(20년에 해당하는 로그값)이 됩니다. 차이는 처음의 1에서 0.3으로 급격히 줄어들고 이후에 0.18, 0.1 식으로 줄어듭니다. 10년 앞선 사람과 내가 똑같이 노력한다면 상대방을 추월할 수는 없지만, 그 간격은 점점 줄어듭니다. 조금 늦게 시작해도 꾸준히 노력한다면 상당한 정도의 성취는 이룰 수 있다는 위로를 로그함수가 전해줍니다.

이 외에도 로그 함수 그래프는 기업의 상품 판매나 기업 성장, 경제 성장 등을 나타낼 때 자주 볼 수 있습니다.

(4) 삼각함수 그래프

삼각함수의 값들을 반지름이 1인 원에서 x축에 수직으로 선을 그어서 삼각형을 만들었을 때의 높이에 해당합니다. 앞에서 원을 잘라 사인파를 만들어 봤듯이 사인파 그래프는 파형 모양을 띕니다. x축의 값들을 각도의 값으로 놓고, 각도에 따라 펼쳐보면 그림처럼 나타납니다. 각

θ가 변함에 따라 $\sin\frac{\pi}{180}$, $\sin\frac{2\pi}{180}\cdots\sin\frac{179\pi}{180}$ 까지 늘어갑니다. sin0은 높이가 0이기 때문에 0이고, $\sin\frac{\pi}{2}$ 은 빗변이 1이고 높이도 1이기 때문에 1입니다. 그렇게 값이 계속 증가해가다가 $\frac{\pi}{2}$, 즉 90°를 넘어갈 때, 아래 방향으로 향하면서 값이 줄어듭니다. 사인파는 원을 그리며 움직이는 어떤 운동에도 적용할 수 있습니다.

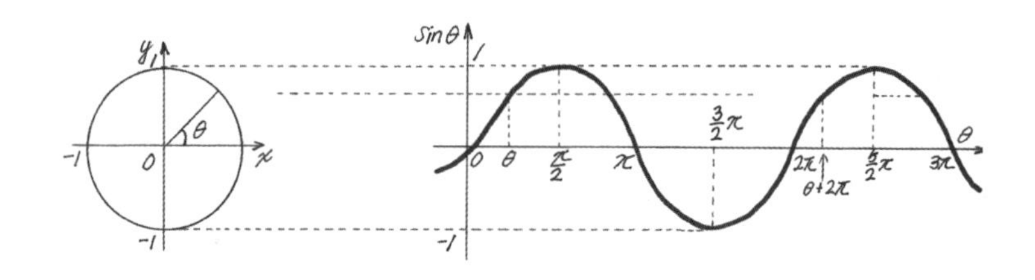

삼각함수를 파동과 관련된 모든 부분에 적용하는 이유는 삼각함수의 특징을 이용해 미적분을 계산할 수 있기 때문입니다. 다시 말하면 파동을 표현하는 여러 가지 방식 중에서 삼각함수가 가장 쉽게 사용할 수 있습니다. cos(코사인)의 값은 $\frac{\pi}{2}$ 일 때는 0, 0(라디안)에서의 값은 1입니다. 결국 코사인파는 사인파가 $\frac{\pi}{2}$ 만큼 왼쪽으로 이동한 그래프와 일치합니다. 그래서 사인파라고 할 때 코사인파를 포함하는 경우도 많습니다. $\frac{\text{높이}}{\text{밑변}}$의 값인 tan은 $\frac{\sin}{\cos}$ 과 값이 같습니다. sin, cos의 식을 대입하여 빗변을 상쇄하면 tan와 같은 식이 되기 때문입니다. sin을 cos으로 나누는 tan의 그래프는 두 파와 전혀 다른 모양을 가집니다.

sin, cos 함수는 소리, 빛, 전자파처럼 파동으로 움직임을 설명하는 데 주로 사용됩니다. 신시사이저(synthesizer), 전자기파를 이용하는 자동차의 GPS, 뇌파 측정, AI 스피커가 사람의 목소리를 식별할 때 등 넓은 분야에서 사용하고 있습니다.

(5) 그래프의 이동은 식에서는 반대로 나타난다

2차 함수의 그래프들은 순서쌍이 (0, 0)인 원점을 기준으로 기본형으로 만듭니다. 그런데 실제 사용에서는 간단하지 않은 경우가 있습니다. 그럴 때는 이동과 회전을 통해 함수를 바꾸어야 합니다. 포물선을 이용해서 수평 이동을 살펴보겠습니다. 가장 간단한 포물선은 $y=x^2$입니다. 이 포물선을 x축을 따라 +3만큼 이동하려고 합니다. 식은 어떻게 바꿔야 할까요? 쉽게 생각하면 x→x+3으로 바꾸면 될 것 같습니다. 그런데 이렇게 하면 왼쪽으로 이동한 그래프가 나옵니다.

자세히 살펴볼까요. x를 +3만큼 이동한 수 x'로 합시다. 그러면 $x' = x + 3$이 됩니다. 이 식을 x를 좌변으로 정리하면 $x = x' - 3$이 됩니다. 원래의 식에 x의 값을 넣으면 $f(x') = (x' - 3)^2$이 됩니다. 미지수 x'를 일반적인 표시인 x로 바꾸면 $f(x) = (x - 3)^2$이 됩니다. 변수 x'를 x로 바꾸는 것이 이해가 안 될 수 있습니다. x는 여러 수를 대표하는 단순히 기호일 뿐입니다. w, z… 등으로 써도 상관이 없습니다. 그런데 정해진 값으로 생각하기 때문에 x'을 x로 바꾸면 안 된다고 생각하는 것입니다. 그림을 보면 더 잘 이해가 됩니다. 오른쪽으로 이동했다면 x가 +3일 때 값이 결괏값이 0이 되어야 합니다. 식 $f(x) = (x - 3)^2$이 잘 맞는다는 것을 알 수 있습니다. 그래서 수평이동을 오른쪽이면 –로,

곱하기면 나누기로 반대로 하면 됩니다. 왼쪽, 나누기는 더하기, 곱하기로 변환하면 됩니다.

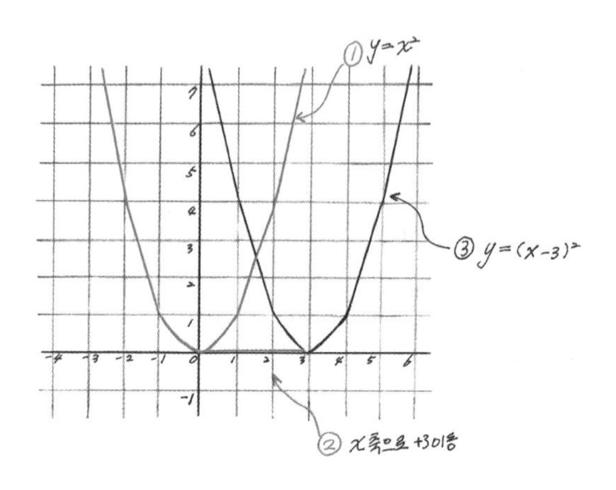

x축을 중심으로 두 배 넓게 벌리려고 하면, 원래의 x 대신에 $\frac{x}{2}$를 대입하는 방식입니다. 그런데 y축의 이동은 조금 다르게 보입니다. y축으로 +3만큼 이동한 경우의 식은 $y = x^2$에서 $y' = y + 3$이 되기 때문에 $y' - 3 = x^2$으로 $y' = x^2 + 3$이 됩니다. y만 좌변에 놓는 형식 때문에 우변에 더한 것처럼 보일 뿐입니다.

포물선의 원리는 자동차의 전조등이나 위성 수신 안테나인 파라볼라 안테나에서 사용됩니다. 포물선은 준선에는 수직 방향으로, 초점에서는 방사형(중앙의 한 점에서 사방으로 거미줄이나 바큇살처럼 퍼져가는 모양)의 연결을 보입니다. 자동차의 전조등에서는 초점에서 나온 빛을 수평 방향으로 내보내게 됩니다. 그래서 초점과 준선에서의 거리가 같게 유리의 곡면을 조절하는 방법을 사용하면 중앙에 있는 전구의 불빛이 유리를 통해 수평으로 나아가게 됩니다.

파라볼라 안테나는 지구 상공에서 수평으로 오는 전파를 받아 한 초점으로 전파를 모으게 되는데 역시 포물선의 모양에 맞게 파라볼라 안테나를 만들면 전파를 모을 수 있습니다. 그런데 인공위성은 회전하고 있거나, 정지 위성이라고 해도 위치에서 따라서는 안테나의 방향을 조정해야 합니다.

파라볼라 안테나를 만드는 사람들은 안테나 위치를 조정할 수 있게 만들어야 하는데 이때 함수의 회전을 다루어야 합니다.[부록3]

7. 세상의 모든 변화를 담은 미적분

적분이 미분보다 먼저 탄생했다

아르키메데스가 원의 면적을 구했듯이 적분의 방법은 고대부터 발달하였습니다. 하지만 미분학은 뉴턴과 라이프니츠가 '동시에' 만들었습니다. 뉴턴(Isaac Newton, 1642~1727)은 행성의 운동을 수학으로 풀기 위해서, 라이프니츠는 순수한 수학적인 발전을 토대로 이론으로 정리했습니다. 과거에는 두 사람 중 누가 먼저냐는 논쟁이 있었지만, 지금은 두 사람이 비슷한 시기에 독립하여 발전시켰다고 이야기합니다. 두 학자가 미분법을 만든 이유는 무엇일까요? 천체의 운동이 타원운동이라는 점이 큽니다. 수천 년 동안 수학과 과학은 우주를 연구해왔는데 이전까지는 천체의 움직임이 원운동이라고 생각했습니다. 그런데 케플러가 천체의 타원운동을 관측 데이터에 근거해서 이론으로 밝힙니다. 케플러는 수학의 계보에서 피타고라스의 후계자에 가까웠습니다. 피타고라스가 정수의 패턴으로 정수론을 발전시켰듯이 상상력이 풍부하고 수비학적 기질이 강했던 케플러는 패턴을 정리해 세 가지 법칙을 발표합니다. 이전의 수학으로는 케플러가 만든 패턴을 설명하기 힘들었습니다. 타원은 속도가 계속 변하기 때문입니다. 그래서 뉴턴은 계속 변하는 속도를 설명할 수 있는 미분학을 만든 것입니다.

원운동은 똑같은 속력으로 움직입니다. 일정한 속력이라면 평균속력 하나만 알면 되지만, 계속 변한다면 그 순간의 속력을 알 필요가 있습니다. 그래서 모든 순간의 속력을 알 수 있는 미분학이 나오게 된 것입니다. 속도는 속력에 방향까지 고려한 값입니다. 타원 운동은 계속 방향이 바뀌기 때문에 뉴턴의 미분학은 속도를 고려합니다. 뉴턴은 이전의 수학 성과들을 이용했습니다. 뉴턴은 "내가 남들보다 조금 더 멀리 보았다면 그것은 거인들의 어깨 위에 서 있었기 때문"이라고 자주 이야기했습니다. 미분학에서 뉴턴의 거인들은 존 윌리스, 페르마, 갈릴레오, 케플러 등입니다. 윌리스는 2차 방정식의 복소수근에 관한 그래프 해석을 내놓았습니다. 페르마의 경우는 1934년 "페르마의 접선 계산법을 기초로 하여 미적분학을 개발하였다"라는 뉴턴 자신의 친필원고가 발견되면서 확인되었습니다. 갈릴레오는 벡터, 관성의 법칙 등으로 뉴턴의 운동법칙에 영향을 주었습니다.

미분이 거리를 속력으로 바꾸는 것이라면 적분은 속력을 거리로 바꾸는 역할을 합니다. 쉽게 말하면 미분과 적분은 변환되는 방향이 반대라고 할 수 있습니다. x^2의 미분은 $2x$라면, $2x$의 적분은 x^2 이 되는 것을 보면 확인이 됩니다. 미분은 하나의 대상을 무한히 확대해 들여다보며 계산하고, 적분은 면적을 구할 대상을 무수히 작은 조각으로 자른 뒤 그것을 모두 더해 전체 값을 얻는 방식입니다.

1884년에 출간된 SF 소설 《플랫랜드》은 미분과 적분의 관계를 차원의 개념을 이용해 훌륭하게 보여줍니다. 제목처럼 플랫랜드는 평면적인 세계입니다. 여성은 직선, 성직자는 동그라미 등으로 등장합니다. 2차원의 세계에 어느 날 불쑥 구가 찾아옵니다. 플랫랜드와 접촉하는 면에 따라가 구의 크기는 시시각각 변합니다. "당신은 저를 원이라고 부르겠죠. 그러나 실제로는 저는 원이 아니에요. 수많은 원이 겹겹이 쌓여 있을 뿐이죠." 구는 자신을 이렇게 설명합니다. 플랫랜드에서 구를 상상할 방법이 없을까요? 적분을 이용하면 가능합니다. 일정한 거리의 한 점을 360도 회전하면 원이 되듯이, 한 원을 180도 회전하거나 반원을 360도 회전하면 구를 만들 수 있습니다. 마찬가지로 3차원에 사는 우리도 3차원 구를 표현하는 함수를 적분하면 4차원에서의 모습을 계산할 수 있습니다. 물론 우리가 사용하는 좌표로는 표현할 방법이 없어 수학의 '상상'으로만 그려볼 수 있습니다. 미분이 3차원→2차원→1차원으로 변화시키듯이, 적분은 1차원→2차원→3차원의 변화를 이끕니다. 미분과 적분의 관계는 미적분학의 핵심적인 원리라고 할 수 있습니다.

미분적분학 이전의 수학은 플라톤이 이데아론에서 말하듯 끊임없이 변화하는 현상계의 세계보다는 불변하는 관념의 세계를 다루는 경향이 있었습니다. 그러나 변화를 다루는 미적분학이 만들어지면서, 정적인 상태와 운동을 다루던 수학이 동적으로 변화하는 현상 세계를 다룰 수 있게 됩니다. 수학이 현실과 다소 거리가 먼 세계를 벗어나 진짜 현실의 세계를 다룰 수 있게 되었다고 할 수 있습니다. 미분(微分)은 한 순간의 값을 구한다는 의미를 가진 표현 differentiation(디퍼렌시에시

션, 차이)을 작게 나눈다는 뜻으로 번역한 결과입니다.

뉴턴과 라이프니츠의 미분식에는 표현의 차이가 있는데 뉴턴은 미분학 외에도 물리법칙의 다양한 연구 결과를 내놓아 물리학의 발전을 이끈 반면에, 외교관이기도 했던 라이프니츠는 간결하고 명확한 미분 기호를 창안하였습니다. 천체 운동을 주로 다루기 위해 주로 시간과 거리를 이용한 운동 방정식에만 사용된 뉴턴의 미분방정식에 비해, 라이프니츠는 다양한 경우를 포함하는 상상력을 바탕으로 기호를 만들었기 때문입니다. 미분하는 과정을 담은 식 $v = \lim_{\Delta t \to 0} \frac{\Delta x}{\Delta t}$ 형태의 함수를 도함수라고 합니다. 도함수는 영어 derivatives(파생한, 끌어낸)의 번역어로 도(導: 이끌다)를 이용해 원래의 함수에서 파생된 함수를 뜻합니다. 유도함수로 번역하는 것이 더 뜻이 명확하다는 학자도 있습니다.

뉴턴의 도함수는 $f'(x)$(에프 프라임 엑스라고 읽음. 프라임은 첫 번째라는 뜻으로 함수기호와 함께 첫 번째 미분함수를 뜻함. 프라임을 두 번 찍으면 두 번째 미분함수), 라이프니츠의 도함수는 $\frac{d}{dx}f(x)$ 또는 $\frac{dy}{dx}$ 같은 형식으로 표현됩니다. 여기서 d(디)는 차이를 뜻하는 기호 델타(Δ)와 비슷하면서도 델타(Δ)의 '변화'라는 뜻과 $\lim_{\Delta x \to 0}$ 의 의미도 같이 가지고 있다고 할 수 있습니다. $\frac{dy}{dx}$에서 dy나 dx를 라이프니츠는 무한소라고 이야기했는데, 어떤 크기보다 작지만 0은 아닌 크기를 말합니다. 수학적 상상이 결합한 표현으로 보면 됩니다. 아주 짧은 '시간 간격'이 아니라, '한 시점'에 가깝다는 의미로 사용합니다. 실제의 숫자가 아니므로 당장 값을 넣거나 단독으로 나눌 수 있지는 않습니다. $\frac{dy}{dx}$는 다양한 입력값에 따른 결과의 변화율을 표현할 때 사용할 수 있습니다. 예를 들어 상품의 가격 변화에 따른 판매량 변화를 알고 싶다면, $\frac{dq}{dp}$ 를 사용하면 됩니다. q는 quantity(양), p는 price(가격)의 약어입니다.

곡선인 2차 함수의 그래프를 미분하면 직선으로 나타낼 수 있습니다. 그래프의 접선이라고 하는 그 선입니다. 접선이라는 의미는 한 점에 접하는(닿는) 선이라는 뜻입니다. 그림처럼 자전거를 탈 때, 미분에서 말하는 접선을 볼 수 있습니다. 자전거가 S자 모양의 도로를 달리고 있는데, 밤이라 전등을 켰습니다. 자전거가 가는 방향은 바뀌는데, 빛의 방향은 점선으로 된 화살표처럼 앞을 향합니다. 원운동에서도 접선을 확인할 수 있습니다. 줄에 돌을 묶어 돌리면 원운동을 하게 됩니다. 그럴 때 손에서 줄을 놓으면 돌은 직선으로 날아갑니다.

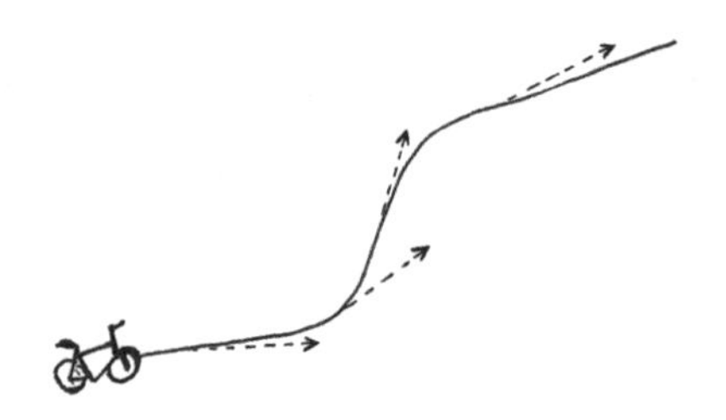

기하와 미분이 만나다

미적분학에서 배우는 첫 번째 공식은 x^2의 미분입니다. 수식으로 하면 다음과 같이 됩니다. $\frac{dx^2}{dx} = 2x$. 미분식을 풀어본 사람들은 이런 풀이 과정이 쉬울지 모르지만, 처음 미분을 접하는 사람들에게는 어려운 과정입니다.

시각 자료를 통해 미분 과정을 구체적으로 살펴볼 수 있습니다. 한 변이 x인 정사각형을 생각해봅시다. 만약 우리가 x를 약간(dx) 더 키운다면 바뀐 면적은 얼마일까요? 그림처럼 한 변의 길이가 dx만큼 더 커진 정사각형의 면적은 $(x+dx)^2=x^2+2(x\times dx)+(dx)^2$이 됩니다. 처음보다 늘어난 면적은 $x\times dx$가 2개이고, $(dx)^2$이 하나입니다. 이때 x의 값이 1이고, dx의 값을 $\frac{1}{100}$이라고 해봅시다. $(dx)^2$은 1에 비해 아주 작은 값이 되어 무시할 수 있게 됩니다. 그러면 남는 값은 $x^2+2(x\times dx)$입니다. 우리가 구할려고 하는 것은 새롭게 증가한 면적이기 때문에 원래의 면적 x^2은 빼야 합니다. 남은 식은 $2(x\times dx)$가 되고 dx에 관한 변화율이기 때문에 dx로 나누면 $2x$만 남게 됩니다.

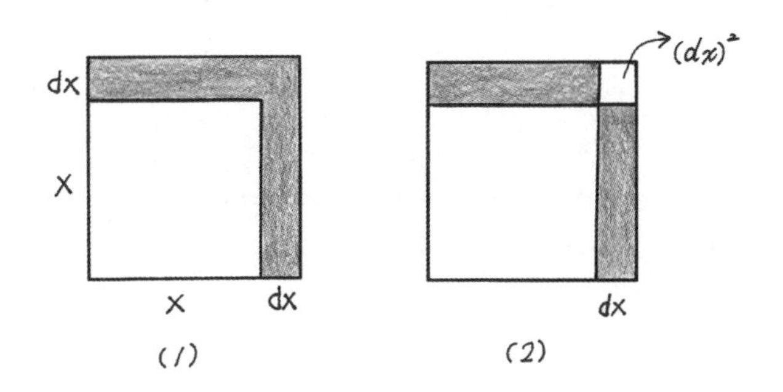

$$\lim_{\Delta x\to 0}\frac{(x+\Delta x)^2-x^2}{\Delta x}$$
$$=\lim_{\Delta x\to 0}\frac{x^2+2x\Delta x+(\Delta x)^2-x^2}{\Delta x}$$
$$=\lim_{\Delta x\to 0}\frac{2x\Delta x+(\Delta x)^2}{\Delta x}$$
$$=\lim_{\Delta x\to 0}2x+\Delta x$$
$$=2x$$

전염병의 끝은 미분으로 예측 가능하다

S자 곡선은 식물의 생장이나 다양한 통계에서 자주 나타나는 그래프입니다. 이 그래프에 미분을 이용해서 매 순간의 성장 속력을 측정할 수 있습니다. 1차 미분 함수를 한 번 더 미분(2차 미분)하면 '가속력'을 알 수 있어, 점점 더 빨라지는지 더 늦어지는지를 알 수 있게 됩니다. 만약 이 그래프가 상품의 판매 곡선이라면 속력의 변화를 통해 마케팅을 할지 말지 등의 의사결정을 할 수 있게 됩니다.

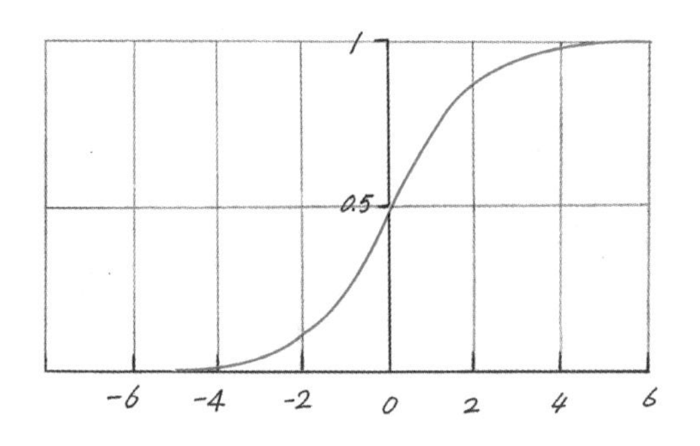

코로나와 같은 전염병도 이런 형태의 그래프로 나타납니다. 그림은 전염병 확산의 과정을 시간(t)을 x축의 변수로 하여 확진자 수(N)가 변화하는 과정을 보여줍니다. 최초에는 전연병의 확산 정도는 거의 약하게 나타나다가 어느 순간 기하급수적(지수함수적)으로 늘어갑니다. 처음에 0.01이었다면, 0.02 그리고 0.04, 0.08, 0.16으로 몇 단계만 건너면 크게 성장합니다. 어느 순간이 되면 곡선이 오른쪽으로 휘기 시작합니다. 이 시작점을 변곡점(곡선이 변하는 점)이라고 합니다. 그래프에서는 (0, 0.5)이 그 지점에 해당합니다. 그 이후는 양은 계속 늘어가지만, 속도가 점점 떨어집니다. 시간이 갈수록 감염자가 추가되는 수가 줄어들어 0에 가까워집니다. 이 곡선은 벨기에의 수학자 페어훌스트(Verhulst P. F., 1804~1849)에 의해 1838년에 제안되었는데, 워낙 적용할 수 있는 사례가 많아 로지스틱 곡선이라는 별칭을 가지고 있습니다. logistic(로지스틱)은 'Logistikos(로지스티코스)'라는 고대 그리스 언어가 변화하여 생긴 말인데 계산에 능통한 능력 혹은 이성적이고 합리적인(logos) 판단력을 의미합니다. 그래프의 기울기가 0이 되는 시점이 코로나와 같은 전염병이 끝나는 시기가 됩니다.

적분은 고대의 기하학부터 시작되었다

서양 수학자 중에서 가장 유명한 사람 중의 한 명은 아르키메데스입니다. 아르키메데스는 적분학의 기초를 닦았습니다. 아르키메데스보다 한두 세대 위인 유클리드의 《원론》에서는 π에 관한 언급을 찾아볼 수 없습니다. 원의 넓이를 그 반지름의 제곱과 비교한 비율이 모든 원에서 똑같다고 실진법으로 증명한 내용은 나오지만, 보편적인 비율이 3.14에 가깝다고 하는 이야기를 전혀 찾아볼 수 없습니다. 곡선의 길이나 곡면의 넓이나 곡면체의 부피를 측정하는 방법은 그 당시 최첨단을 달리는 질문이었고, 오늘날 적분학이라고 부르는 수학을 향해 나아가는 첫걸음을 내디딘 것입니다. π는 그 첫 번째 승전보였습니다.

수학의 노벨상이라 불리는 '필즈상'의 메달에는 아르키메데스 모습이 들어 있습니다. 그는 원 외에도 곡선으로 이루어진 평면 도형의 넓이, 곡면의 넓이와 부피를 구함으로써 오늘날의 적분에 가장 근접하게 연구했습니다. 그 사례가 포물선의 면적 계산입니다. 어떤 포물선의 활꼴(원 위의 임의의 두 점을 이은 선분인 현[chord]과 원주를 따라 같은 두 점을 연결하는 호[弧, arc]로 이루어진 도형)의 면적은 내접하는 삼각형의 면적에 $\frac{4}{3}$배에 해당한다는 매우 간명한 결과를 내놓았습니다.

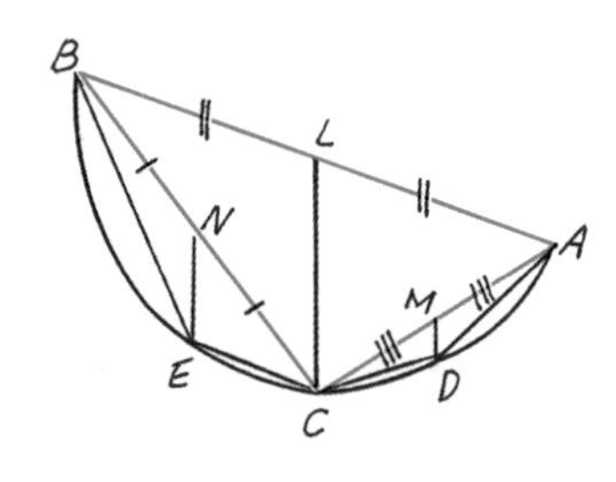

선분 AB, CA, CB의 중점을 지나고 포물선의 축에 평행한 선분을 그려볼 수 있습니다. 선분LC, MD, NE를 그어 얻는 포물선의 호 위의 점을 C, D, E라 합시다. 포물선의 기하학적 성질로부터 아르키메데스는 다음이 성립함을 밝혔습니다. $\Delta CDA + \Delta CEB = \frac{\Delta ABC}{4}$. 새로 만들어진 두 삼각형의 면적의 합은 원래 내접하는 삼각형의 면적보다 $\frac{1}{4}$만큼 줄어든다고 증명합니다.

이 착상을 반복하여 적용하면(이전 삼각형 면적의 $\frac{1}{4}$, 처음 삼각형 면적의 $\frac{1}{4}$의 거듭제곱) 포물선의 부분의 면적은 다음과 같이 됩니다.

$$\Delta ABC + \frac{\Delta ABC}{4} + \frac{\Delta ABC}{4^2} + \frac{\Delta ABC}{4^3} + \frac{\Delta ABC}{4^4} \cdots$$

$$= \Delta ABC\left(1 + \frac{1}{4} + \frac{1}{4^2} + \frac{1}{4^3} + \frac{1}{4^4} + \frac{1}{4^5} \cdots\right) = \frac{4}{3}\Delta ABC$$

$\frac{4}{3}$ 값은 등비수열(공통의 비를 가진 수열)의 합의 공식 $\frac{(\text{초기값})}{1-(\text{등비})}$ 을 통해서 구합니다. 등비는 곱해지는 일정한 비를 말하고 초깃값은 처음 정해진 값을 말합니다. 식에서 등비는 $\frac{1}{4}$ 이니 넣고 대입하면 이 등비수열의 합은 $\frac{4}{3}$ 가 나옵니다.

아르키메데스는 기하급수 합의 극한을 취함으로써 계산을 간략히 하였는데, 이 식을 오늘날의 적분을 이용하여 비교해봅시다.

포물선의 면적을 구하려면 y축을 중심으로 양쪽이 대칭이므로 S의 면적을 구한 뒤 두 배 해주면 됩니다. 포물선의 면적 S는 1에서 s'의 값을 빼면 구할 수 있습니다. 그래서 s'의 면적은 포물선의 $y=x^2$식 이 그려내는 포물선 아래 부분의 면적을 구하면 됩니다. 먼저 적분 공식을 이용하면 $s' = \int_0^1 x^2 dx = \left[\frac{x^3}{3}\right]_0^1 = \frac{1}{3}$ 입니다.

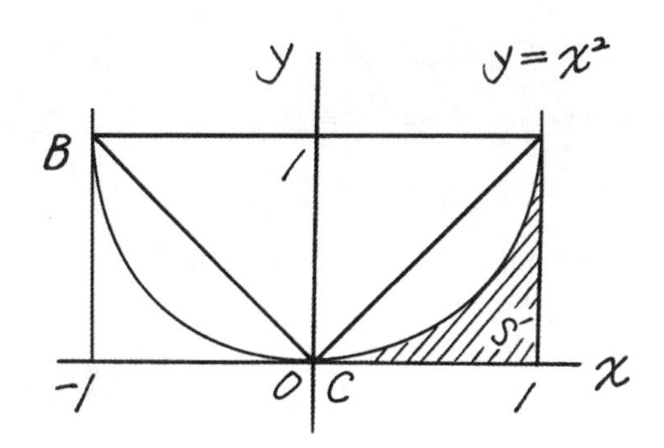

x의 제곱형태 x^n의 일반적인 적분 결과는 $\frac{x^{n+1}}{n+1}$이므로, 여기서 n=2이므로 적분 결과인 $\frac{x^3}{3}$을 이용하였습니다. 결과로 나온 면적은 $\frac{1}{3}$입니다. 이제 S의 면적은 한 변의 길이가 1인 정사각형에서 s'의 면적을 빼야 하므로 $S = 1 - s' = \frac{2}{3}$가 나옵니다. 한쪽만 계산했으니 양쪽 모두의 면적은 두 배인 $\frac{4}{3}$가 됩니다. 아르키메데스가 구한 식과 같은 결과가 나오는 것을 확인할 수 있습니다.

아르키메데스는 실진법을 이용해서 포물선 일부의 넓이를 성공적으로 찾았지만, 타원과 쌍곡선의 경우는 실패했습니다. 오늘날의 적분학은 타원과 쌍곡선의 면적도 구할 수 있습니다. 적분학이 미분학의 발달에 따라 더 완전한 형태를 갖추게 되었다고 할 수 있습니다. 적분식에서 목이 기다란 백조처럼 생긴 기호는 합계를 뜻하는 summation(서메이션)의 약어 S를 길게 늘인 것입니다. ∫로 쓰고 '인테그랄'이라고 발음합니다. 무한히 많은 작은 조각들의 합으로, 이 모든 것들이 하나의 응집된 면적으로 통합돼 있습니다.

아르키메데스가 포물선의 면적을 구한 '방법'(소논문 제목 'The Method')은 컴퓨터 애니메이션 영화에 적용되고 있습니다. 어떤 부드러운 표면도 삼각형들을 사용해 그럴듯하게 근사할 수 있는 방법입니다. 다음 그림에서 마네킹을 삼각분할로 표현하는 멋진 상황을 볼 수 있습니다. 삼각형을 더 작게 나눌수록 더 실체에 가까운 곡선들을 만들어내고 있습니다.

아르키메데스가 죽고 2,000년이 지난 후에야 자연을 수학적으로 연구하는 분야는 갈릴레이로 연결됩니다. 역학에 큰 매력을 느낀 갈릴레이는 아르키메데스의 지적 후계자라고 할 수 있습니다. 아르키메데스의 '유레카' 전설을 최초로 그럴듯하게 설명하기도 했습니다.

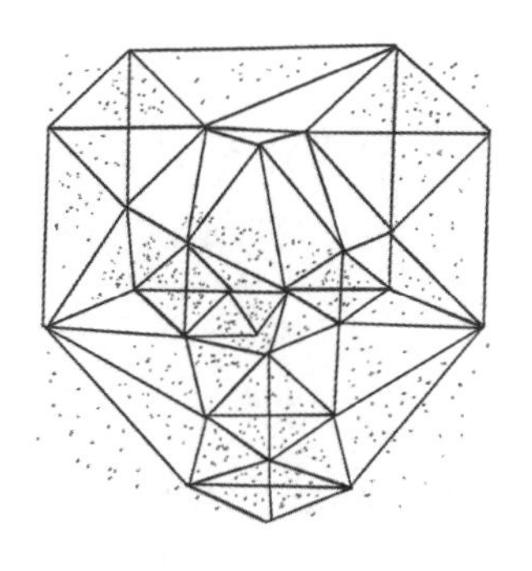

소리와 빛에는 삼각함수가 있다

미적분학이 발전하면서 등장한 스타가 있습니다. 자연상수 e입니다. 오일러는 $e^{i\theta}$가 $\cos\theta+i\sin\theta$와 같다는 것을 증명합니다. θ는 그리스어로 '세타'라고 발음합니다. 증명과정은 아르키메데스가 포물선의 면적을 구하는 것과 유사합니다. $e^{i\theta}$를 다양한 차수의 x의 멱함수로 전개한 식이 $\cos\theta$를 x의 멱함수로 전개한 식과 $\sin\theta$를 전개한 식에 허수 i를 곱한 값의 합과 같다는 것을 증명합니다. 이런 특징 때문에 미적분에서 $e^{i\theta}$는 중요한 위치를 차지하게 됩니다. $e^{i\theta}$의 미분 결과는 $ie^{i\theta}$가 되고, $e^{i\theta}$의 적분은 $-ie^{i\theta}$가 됩니다. 미적분에서 원래의 식이 그대로 유지되는 특성은 다른 식에서는 볼 수 없습니다.

$\cos\theta$의 미분이 $-\sin\theta$, $\sin\theta$의 미분이 $\cos\theta$으로, $\cos\theta+i\sin\theta$의 미분은 $i(\cos\theta+i\sin\theta)$와 같기 때문에 $e^{i\theta}$식의 미분과 같은 결과가 나오게 됩니다. 그렇게 만들어진 오일러의 방정식 $e^{i\theta}=\cos\theta+i\sin\theta$은 자연로그 상숫값을 밑으로 하는 방정식이 삼각함수와 연결된다는 놀랍고도 아름다운 관계를 발견하였다고 할 수 있습니다. 이때 θ가 π,즉 180°라면 $\cos\pi$는 -1, $\sin\pi$는 0이기 때문에 $e^{i\theta}+1=0$으로 오일러의 항등식이 됩니다.

$\cos\theta$의 미분이 $-\sin\theta$, $\sin\theta$의 미분이 $\cos\theta$가 되는 의미를 더 생각해봅시다. 사인파의 미분은 $\frac{1}{4}$사이클($\frac{\pi}{2}$)만큼 앞선 완전한 사인파가 됩니다. 다음 그림은 낮의 길이를 1년 동안 측정한 그래프와 낮의 길이 변화를 같은 날짜에 맞춰 그린 그래프입니다. 두 그래프를 막대를 기준으로 비교해보면 미분의 결과를 담은 그래프가 $\frac{1}{4}$사이클만큼 앞섰다는 것을 알 수 있습니다. 이런 자기 재생 능력은 사인파에서만 볼 수 있는 독특한 성질입니다.

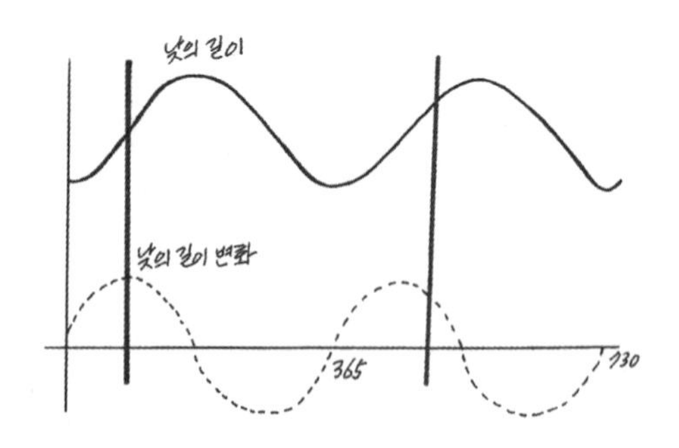

사인파의 두 번의 도함수는 원래의 사인파 함수에 –1을 곱한 것과 같습니다. 그래서 열 방정식과 파동 방정식같이 어려운 미적분 계산을 사인파로 풀어보면 단순한 곱셈으로 대체할 수 있게 됩니다. 식에 두 번 미분이 포함되는 이유는 자연을 이해하기 위해 만든 자연의 수학적 '모형'들이 그렇기 때문입니다. 뉴턴의 운동법칙 F=ma에서 가속도 a는 거리에 대한 두 번의 미분을 포함하고 있습니다.

삼각함수 하나만 보면 하나의 파형만을 다룰 수 있지만, 여러 삼각함수를 더하여 만드는 삼각함수의 급수를 이용하면 주기와 진폭이 다른 사인파를 결합할 수 있습니다. 사이클의 주기와 진폭이 다른 다양한 사인파의 결합은 신시사이저 같은 전자 음악 악기가 실제 악기의 소리와 같은 소리를 낼 수 있게 합니다. 이 부분을 주로 연구한 학자는 푸리에(Jean Baptiste Joseph Fourier, 장 밥티스트 조세프 푸리에, 1768~1830)입니다. 그의 이름을 딴 푸리에 급수는 오랜 시간이 지나면서 인정되었지만, 지금은 중요한 이론입니다. 푸리에 급수는 다양한 사인파 결합을 통해 내장에서 소화하는 과정의 파동, 파킨슨병의 떨림과 관련 있는 병적인 전기 파동 등을 알아내는 데 활용되고 있습니다.

8. 일상생활에 숨어 있는 수학

패턴의 과학, 수열

수열이란 수의 나열이라고 간단하게 표현할 수 있지만 넓은 의미는 식물이나 다양한 사회 현상까지 수를 이용해 풀어가는 방법이라고 할 수 있습니다. 영어로 sequence(시퀀스)인데, '일련의 연속적인 사건들' 또는 '사건이나 행동 등의 순서'라는 뜻입니다. 수뿐만 아니라 점, 벡터 등의 나열도 포함합니다. 그래서 북한에서는 수가 빠진 '렬'이라는 표현을 씁니다. 수열은 수학의 주요 관심사인 '패턴'을 가장 잘 보여주는 분야입니다. 패턴은 반복되는 형태나 특징을 정리하여 처리하는데, 이때 '일반식'의 형태로 나타납니다. 수열 1, 3, 5, 7… 이 있다고 할 때, n번째 항목을 나타내는 식이 바로 패턴 식을 보여줍니다. $2n$-1. 그냥 홀수인데 뭘? 할 수 있지만 이 식의 이용 가치는 모든 수에 적용할 수 있다는 점입니다. 100만 번째 홀수를 구하려고 할 때, 바로 답하기 힘들지만, 이 식에 적용하면 바로 답을 구할 수 있습니다. 200만에서 1을 뺀 수가 답이겠지요.

역사적으로 가장 유명한 수열은 피보나치수열입니다. 피보나치수열은 1부터 시작해 이전의 두 수의 합이 다음 수가 되는 수의 나열을 뜻합니다. 처음에는 1이라는 수 하나밖에 없어서 두 번째 수도 1이 됩니다. 1 앞에 0이 있다고 본 것이죠. 피보나치가 살던 시대에는 "수학적으로 볼 때 매우 흥미로운 수열" 정도로만 여겨졌습니다. 1900년 옥스퍼드 대학의 식물학자인 처치(A. H. Church)가 해바라기 꽃씨가 나선을 그리는 수를 세어보았더니 피보나치 수(Fibonacci number)로 이루어진 것을 발견한 후 우주의 비밀을 간직한 수열로 평가받기 시작했습니다.

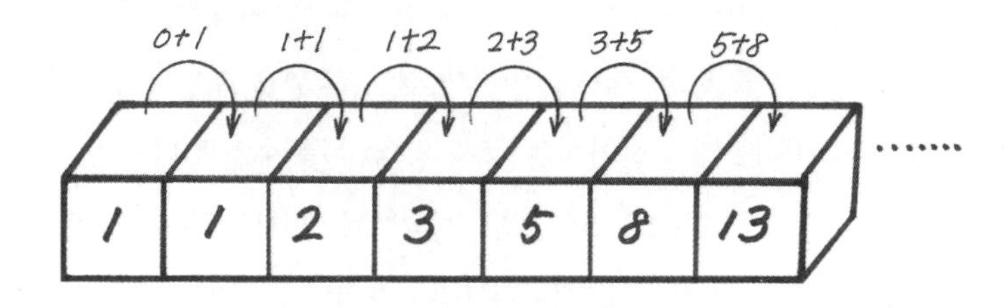

해바라기 꽃씨의 배열 외에도 선인장의 나선 배열, 소나무의 솔방울 배열, 파인애플 눈의 배열, 국화 꽃잎의 배열, 산양의 뿔, 거미의 거미줄, 앵무새의 부리, 고양이와 카나리아의 발톱, 코끼리의 코, 박테리아 성장 그래프, 곤충이 빛에 접근하는 경로, 태풍의 모양, 은하계의 모양 등에서 나타납니다. 동물의 생장에서도 비슷한 사례도 볼 수 있습니다. 수벌의 가계도(가족 관계를 보여주는 그림)가 피보나치수열의 형태를 보입니다. 피보나치는 자신의 책에서 직접 동물을 사례로 들고 있는데, 간명하게 설명하기 위해 일부러 조건 등을 제한하였습니다. 한 쌍의 토끼가 1년마다 계속 새끼를 낳고 그 새끼들은 1년 동안 성장한 후에 계속

해서 새끼를 낳는다는 상황을 조건으로 둡니다. 이런 조건을 바탕으로 매월 토끼가 몇 마리로 증식하는지를 계산했습니다. 토끼는 한 마리도 중간에 죽는 일이 없다고 가정합니다.

한 농장에서 암수 한 쌍의 토끼만 사육합니다. 이 토끼 한 쌍은 두 달 뒤부터 매월 암수 새끼 한 쌍을 낳습니다. 토끼가 한 쌍으로 시작했기 때문에 1~2개월 동안은 토끼 한 쌍이 그대로 있고 셋째 달에 암수 새끼 한 쌍을 낳기 때문에 토끼는 총 암수 두 쌍이 됩니다. 넷째 달에 암수 어미 한 쌍이 암수 한 쌍을 낳아 총 세 쌍이 되고, 다섯째 달에는 어미가 또다시 한 쌍을 낳고, 새끼도 어른이 되어 한 쌍을 분만해 총 다섯 쌍이 됩니다. 이렇게 매월 증가하는 토끼 쌍의 수를 수열로 나열해보면 1, 1, 2, 3, 5, 8, 13, 21, 34, 55, 89…가 되는데, 피보나치수열이 됩니다. 1년(12달) 후 이 농장의 토끼는 피보나치수열의 13번째 수인 233쌍이 됨을 알 수 있습니다.

피보나치수열에 숨은 특징은 이웃하는 두 항의 비가 황금비에 가깝다는 점입니다. 수가 커질수록 황금비의 값에 더 가까워집니다. 댄 브라운의 소설 《다빈치 코드》에도 피보나치수열이 등장합니다. 소설 첫 부분에 박물관장인 소니에르가 죽으면서 "13-3-2-21-1-1-8-5 O, Draconian devil! Oh, lame saint"라는 메시지를 남깁니다. 소니에르의 손녀인 암호 전문가 소피는 맨 윗줄 숫자가 배열이 엉켜 있지만 피보나치수열임을 알아차립니다. 종교학 교수인 주인공 랭던은 피보나치수열에는 황금비가 있고 소피(Sophie)라는 이름에는 황금비 φ(phi, 파이)

가 들어가 있는 것에서 힌트를 얻습니다. 황금비가 예술과 관련이 있기에 예술가의 이름과 작품을 가지고 단어를 재배치합니다. 재배열할 때는 소니에르가 준 숫자를 바탕으로 원래의 피보나치수열대로 단어를 다시 재배열합니다. 피보나치수열로 재배열해도 바로 답이 되지는 않습니다. 1이 여러 개이고 a 같은 문자도 여러 개가 있어 바로 문장을 만들 수 없습니다. "Draconian devil"을 재배열해보면 "lcoerindav"에 가까운 문장이 됩니다. 랭던 교수는 예술가라는 힌트로 비슷한 문장을 새롭게 구성합니다. 'Leonardo Da Vinci! The Mona Lisa(레오나르도 다 빈치! 모나리자)'. 이렇게 단어의 문자를 재배치하여 다른 뜻을 가진 단어로 바꾸는 것을 '아나그램(anagram)'이라고 합니다.

주식 투자전문가인 엘리어트(Ralph Nelson Elliott, 1871~1948)는 과거 75년 동안 주가 움직임에 대한 연간, 월간, 주간, 일간, 시간, 30분 단위 데이터까지 분석한 결과 인간 심리나 군중 행태를 반영한 증권시장도 자연법칙에 따라 움직인다고 설명합니다. 증시는 강세장과 약세장으로 이뤄진 증가와 감소의 파동으로 이뤄져 있으며, 상승하는 주식 가격과 하락하는 주식가격 시점이 피보나치수열과 관련 있다는 것입니다. 엘리어트 파동이론은 1987년 미국 주식시장 폭락사태를 예견해 최상의 주식 예측 도구로 각광받았습니다.

수열 중에서 순서가 있는 수열을 순열이라고 합니다. 순열은 일상에서 잘 보기 어렵다고 생각하지만, 순서가 있는 제비뽑기는 순열입니다. 서기 66년에 로마에 대항해 유대인들은 혁명을 일으킵니다. 몇 번의 진압시도에도 실패하자 네로 황제는 자신의 정적인 베스파시아누스를 군단장으로 임명해 반란을 진압하게 합니다. 요세푸스라는 제사장이 이끄는 무리는 로마군에 쫓겨 요타파타(Jotapata) 언덕을 요새화하여 47일간 항전합니다. 이때 사망자는 4만 명에 포로는 1,200명에 달했다고 합니다. 베스파시아누스의 투항 권고에도 불구하고 대부분의 유대 장로와 병사들은 로마군에 포로로 잡히기기를 거절합니다. 요세푸스를 포함한 41명이 지하 동굴로 숨어 들어가 집단 죽음을 선택하기로 합니다. 요세푸스는 자살은 신 앞에 부도덕하다며 규칙을 정해서 차례로 한 명씩 죽이자고 합니다.

이들이 죽음을 선택하는 방식은 41명이 원으로 둘러앉은 후, 3의 배수가 되는 사람을 죽이는 방식입니다. 원으로 순열이 되어 있어서(원순열이라고 함) 39번이 죽임당한 후에 40, 41번은 남고 그다음 세 번째 자리인 1이 죽임을 당하게 연결됩니다. 1이 죽임을 당하면 4번으로 넘어가는 방식이라 죽임 당한 사람부터 세 번째 사람을 뽑게 됩니다. 계속하면 최초의 순열 순서에서 16번과 31번만 살아남게 됩니다. 1번부터 41번까지 원 모양으로 숫자를 나열한 후 세 번째마다 지워나가면 쉽게 확인할 수 있으니 한번 해보기 바랍니다. 투항 후 예루살렘 함락에 도움을 주었던 요세푸스의 전력을 볼 때, 살인 방식의 죽음 선택과 처음 시작 번호를 정한 행동이 애초부터 수학 지식을 바탕으로 자신은 살 계획이었다는 비판을 받고 있습니다.

확률, 도박에서 시작되었다

확률은 '어떤 일이 일어날 경우의 수'를 '모든 경우의 수'로 나눈 값입니다. 확률은 불확실성을 표현하는 언어라고 할 수 있습니다. 알고 있는 대상, 호기심을 느끼는 대상, 알고 있는지 확실하지 않은 대상, 틀릴 것으로 믿는 대상 등을 모두 수량화할 수 있습니다. 확률은 17세기 중반부터 시작되어 19세기 전반기 라플라스를 거쳐 푸아송(Simeon-Denis Poisson, 시몬 데니스 푸아송, 1781~1840)에 이르기까지 약 200년을 거치면서 널리 알려졌습니다. 라플라스는 파리의 통계 데이터를 바탕으로 확률 이론을 사용해 프랑스의 인구를 예측하였을 뿐만 아니라, 사회 현상을 수학으로 풀 수 있는 다양한 응용사례를 제안하였습니다. 17세기 중반 이전까지는 확률은 결정론적인 사고(모든 일에는 그 일이 일어날 수밖에 없게 만든 조건들이 미리 존재하기 마련이라는 생각)와 맞지 않는다는 이유로 수학자들이 배척했었습니다. 당시 학자들은 '우연'이란 실재하는 것이 아니라 단지 자연의 인과법칙에 대한 인간의 무지를 달리 부르는 말로 생각했습니다. 확률의 의미도 실재하는 우연을 표현하기 위한 것이 아니라 확정적이지 않은 상황에서 '합리적인 판단의 한 모형' 정도로만 인정했습니다.

확률에 관한 가장 유명한 기록은 한 도박사가 파스칼에게 질문한 것에서 시작합니다. 흔히 '점수 문제(problem of points)'라고 불리는 문제입니다. A, B 두 도박꾼이 3점을 얻으면 64피스톨(pistol, 프랑스 혁명 이전 스페인 화폐인 금화)을 모두 가지는 내기를 합니다. A는 2점, B는 1

점 득점한 상태에서 게임을 중단하였을 경우, A와 B가 차지해야 할 몫은 얼마일까요? 파스칼은 게임이 더 진행하는 상황을 상정하고 계산합니다. 한 번 더 게임을 해서 A가 이기면 피스톨을 모두 갖게 됩니다. 만약 B가 이기면 두 사람은 동점이 됩니다. A는 전체 금액의 반인 32피스톨을 기댓값으로 갖게 됩니다. 기댓값은 각 사건이 벌어졌을 때의 이득과 그 사건이 벌어질 확률을 곱한 것을 말합니다. 이 경우의 기댓값은 64피스톨의 이득과 확률 $\frac{1}{2}$을 곱한 결과입니다. 동점인 상황에서 한 번 더 던졌을 때 A, B가 이길 확률은 각각 $\frac{1}{2}$이 됩니다. 이전의 확률 $\frac{1}{2}$을 곱해 각각 $\frac{1}{4}$인 확률이 됩니다. 그래서 각각 16피스톨을 기댓값으로 갖게 됩니다. 결국 A는 48피스톨, B는 16피스톨을 가져갈 수 있습니다.

파스칼은 페르마에게 자신의 풀이를 보냈으며, 페르마는 다른 방법으로 문제를 해결합니다. A가 2점, B가 1점을 득점한 경우, 앞으로 최대 두 번으로 승패가 결정됩니다. 이때 나타날 수 있는 경우는 모두 네 가지로, 두 번 모두 A가 이기는 경우, A가 이기고 그다음 B가 이기는 경우, B가 이기고 나서 A가 이기는 경우, 두 번 모두 B가 이기는 경우입니다. 이 네 가지 경우 중 최종적으로 A가 이기는 경우는 앞의 세 가지이고 B가 이기는 경우는 마지막 한 가지입니다. 따라서 A는 64의 $\frac{3}{4}$인 48피스톨을 갖고, B는 나머지 16피스톨을 가지면 됩니다. 페르마는 이 풀이법을 파스칼에게 보냈고, 파스칼은 이에 착안하여 '이항정리'(항이 2개인 식의 거듭제곱을 여러 개의 단항식들의 합으로 전개하는 정리)로 이 문제를 다시 풀었습니다.

앞에서 살펴본 파스칼의 삼각형이 이 이항정리를 간단하게 정리한 내용입니다. 앞의 모양을 생각하면서 새로운 풀이 방법을 살펴볼까요. A가 2점, B가 1점 득점한 경우 승패를 가리기 위해 치러야 하는 게임이 최대 두 번이므로, 제곱식을 이용할 수 있습니다. $(A+B)^2=A^2+2AB+B^2$에서 첫째 항, 둘째 항은 A의 승리가 되며, 마지막 항은 B의 승리가 됩니다. 따라서 A와 B가 승리할 때의 계수는 각각 3과 1이므로, $\frac{3}{4}$이 A가 승리할 확률이며, 나머지 $\frac{1}{4}$이 B가 승리할 확률입니다.

기댓값은 정확한 의미로는 확률의 평균값이라고 보는 게 더 정확합니다. 5억 원 상금의 로또 복권은 산 사람은 5억 원 또는 0이라고 기대하지, 그 중간이라고 기대하지 않기 때문입니다. 어쨌든 평균값의 의미를 가진 기댓값은 자신이 투자하는 금액이 이익을 가져올지, 손해를 가져올지 예측하는 데 도움이 됩니다. 복권의 역사에는 투자하면 항상 원금보다 높은 기댓값을 받을 수 있는 경우가 있었습니다. 1992년 버지니아주 로또는 당첨금이 이월되면서 총상금이 2,700만 달러로 치솟았습니다. 이 복권은 특이한데 이월될 때 1등 당첨금뿐 아니라 모든 복권에도 균등 배분하는 방식을 택합니다. 가능한 숫자의 조합은 700만 가지, 복권은 1달러지만 기댓값은 4달러에 가깝습니다. 1등 복권을 여러 명이 당첨될 확률을 계산해보니, 그렇게 높지 않아 복권 사재기에 큰손들이 덤벼듭니다. 주문이 폭주하면서 한 투자 펀드는 500만 개를 확보합니다. 1등 당첨 비율은 $\frac{1}{3}$로 떨어졌지만 1등을 놓치지도 않아 큰 이익을 얻었습니다.

그 후 버지니아주는 복권 대량 구매를 막기 위한 법을 제정했습니다. 이 외에도 복권의 역사에는 복권 제도의 맹점을 이용하고 확률의 기댓값을 예측하여 큰돈을 번 사례들이 있었습니다. 현대의 복권 제도는 모두 정비되어, 기댓값은 거의 50%를 넘지 않게 하고 있습니다. 물론 이월금이 많은 경우는 조금 다릅니다. 100%의 금액이 이월되었다고 할 때, 복권 구매자들이 두 배 이상을 구매하지 않으면 이전보다 기댓값이 올라갈 수 있습니다. 하지만 복권 구매자들이 두 배 이상을 구매하면 기댓값이 오히려 다른 때보다 떨어질 수 있으니 당첨금 이월되었다고 해서 구매해야 할 때라고 하기는 힘듭니다.

수학은 기댓값에 따라 합리적인 선택을 할 거라고 가정하지만, 어떤 경우는 기댓값이 같아도 다른 행동을 보일 수도 있습니다. 사람들에게 선택권을 준다고 가정해봅시다. "① 900만 원을 준다. ② 90%의 확률로 1,000만 원을 준다." 기댓값은 같지만, 대부분은 1번을 선택합니다. '위험회피' 선택입니다. 다른 상황을 가정해봅시다. "① 900만 원을 잃는다. ② 90%의 확률로 1,000만 원을 잃는다." 둘 다 결과적으로는 900만 원을 잃을 것이지만 대부분은 2번을 선택합니다. 비록 100만 원을 더 잃을지언정 잃지 않을 가능성이 10% 있는 선택을 합니다. '위험추구' 성향 때문입니다. 두 상황이 반대의 결과처럼 보이지만 한 가지는 알려 줍니다. 사람들은 이득보다 손실에 훨씬 민감하다는 점입니다. 이득은 확정적으로 얻는 것을 좋아하지만 손실은 어떻게든 줄일 수 있으면 줄이려고 합니다. 수입이 줄어드는 불황기에 확률이 낮아도 손해를 줄일 생각으로 복권 구매량이 증가하는 이유를 설명해줍니다.

보험에는 확률이 숨어 있다

콜럼버스가 미 대륙을 발견할 때는 항해 기술이 발달하고 무역이 활발해진 대항해시대였습니다. 바다는 지금보다 훨씬 더 위험한 곳이었습니다. 무역을 무사히 마치면 어느 정도 이익이 오지만, 만약 난파하면 큰 손해를 입어 사업이 망할 수도 있었습니다. 그래서 이익도 나누고 위험도 나눌 수 있는 제도들을 구상합니다. 오늘날의 주식과 보험의 발전이 이 시기에 시작되었습니다. 주식은 투자자들을 모아 무역선을 운항하는 방식으로 시작되었습니다. 이런 투자는 상품의 가치, 물건을 살 때와 팔 때의 가격 차이 등을 주로 고려합니다. 보험은 반면에 위험을 분산시키는 방법으로 발달했습니다.

가장 원시적인 방법은 화물을 여러 배에 나누어 실어 나르는 방식입니다. 고대 중국의 상인들은 "후추 100상자를 배 한 척으로 운반할 때, 화물을 잃을 확률은 1%이다. 반면에 후추 100상자를 배 100척에 나누어 실으면 화물 손실이 전혀 없을 때가 36.6%, 한 척에서 잃을 확률 31.0%… 다섯 척에서 잃을 확률은 0.3% 정도"임을 알았습니다. 나눌 때와 나누지 않을 때의 결과는 같습니다. 애초에 1%는 이런저런 경우들을 모두 합산해서 평균한 값이기 때문입니다. 다만 화물 손실이 똑같이 1%라도 나누어 실으면 큰 위험을 한 번에 겪게 되는 일은 없어집니다. 과거 어떤 대기업은 해외 출장을 갈 때, 같은 회사의 경영진은 같은 비행기에 타지 않았다고 합니다. 사장이 A 비행기를 타면 부사장은 B 비행기를 탔습니다. 두 사람이 다른 비행기를 탔다고 해도 비행기 사고가 날 확률은 변하지 않습니다. 다만, 두 임원이 동시에 비행기 사고를 당할 확률은 같은 비행기에 탔을 때보다 굉장히 낮아집니다.

과거에는 이렇게 화물 선주들이 품앗이하는 방식이 있었다면 현대는 보험사가 금융 수학을 이용해서 상품을 판매하고 있습니다. 보험사들은 상품을 설계할 때, 전체 사고율 계산을 먼저 합니다. 그리고 가입자 수를 예상합니다. 거기에 자신의 이익률을 더해서 보험 상품의 가격을 매깁니다. 상품을 많이 팔수록 보험사는 이익이 남습니다. 여기서 중요한 점은 보험금을 지불할 비율은 평균값이라는 점입니다. 그래서 보험 상품을 설계할 때 기준으로 한 평균보다 건강하다고 '믿을 수 있다'면 가입하지 않는 것이 이익이 됩니다. 암같이 미리 알기 힘든 경우와 달리 실손 보험이나 치과 보험처럼 어느 정도 예측이 가능한 경우가 해당합니다. 물론 수학이 '심리적 안정'이라는 보험의 절대적인 이끌림을 대체해주지는 않는다는 사람도 있으니 선택은 각자의 몫입니다. 영국에서 외계인이 납치했을 때 보상하는 '외계인납치보험'은 100파운드에 37,000건이나 계약되었습니다. 당연히 보험금 지급은 없었고 보험사는 50억 원 가까이 수익을 냈습니다.

전문가도 확률을 틀릴 때가 있다

여러 사건이 관련되어 있어 확률 계산의 복잡성을 보이는 사례가 있습니다. 유방암 증상이나 가족력이 없어 유방암에 걸릴 확률이 낮은 여성들이 유방 촬영 결과 양성으로 나온 사례를 바탕으로 실제로 유방암에 걸렸을 확률을 계산하려고 합니다. 이 여성들이 유방암에 걸릴 확률은 0.8%입니다. 유방암에 걸린 여성이 유방 촬영으로 양성으로 나올 확률은 90%이고, 유방암에 걸리지 않은 여성이 양성으로 나올 확률은 7%입니다. 인지심리학자인 기거렌처(Gerd Gigerenzer)는 이 상황을 두고 독일과 미국의 의사들에게 유방암 판정에서 양성인 비율을 묻는 조사를 진행했습니다. 독일 의사 24명 중 8명은 10%나 그 미만이라고 답했고, 8명은 90%, 나머지 8명은 50%라고 답했습니다. 미국 의사들은 100명 중 95명이 유방암에 걸렸을 확률이 75% 내외라고 답했습니다. 정답은 9%에 가깝습니다.

전문가들도 답하기 힘든 복잡한 경우에 해결 방법은 확률 대신에 발생 횟수를 두고 풀어가면 됩니다. 1,000명당 유방암에 걸리는 여성은 8명입니다. 유방암에 걸린 8명의 여성 중 7.2명은 유방 촬영 사진 결과가 양성으로 나옵니다. 유방암에 걸리지 않은 나머지 992명 중 양성판정을 받을 비율은 7%이기 때문에 69.44명입니다. 그렇다면 양성판정을 받은 사람이 실제 유방암에 걸렸을 확률은 $\frac{7.2}{69.44+7.2}=\frac{7.2}{76.64}$로 약 9.4%가 됩니다. 물론 질문과 같은 상황은 잘 나타나기 힘듭니다. 건강한 사람들도 모두 검사를 받는다는 전제를 두었기 때문입니다. 참고로 의사들에게 발생 횟수를 사용해 질문하면 대부분 정답을 맞히거나 정답에 가까운 답을 내놓았습니다.

다른 이야기로, 비 올 확률을 이야기하는 기상 예보를 다루어봅시다.

일기예보의 확률은 모호한 부분이 있습니다. 틀리면 크게 비난을 받기 때문에 모호하게 이야기합니다. 비가 온다고 예상했을 때 비가 올 확률에서 100%는 없습니다. 10% 이하도 잘 없습니다. 100%는 비가 지금 내리고 있을 때나 가능하기에 예보의 의미가 없습니다. 그런데 60%의 비가 온다고 하면 사람들은 고민하게 됩니다. 우산을 가져가야 할까요? 가져가야 합니다. 10%일 때는? 그때도 가져가야 합니다. 열 번 중의 한 번꼴이지만 비가 올 때는 100%가 되기 때문입니다. 그런데 사람들은 우산을 안 가지고 나오기도 합니다. 자신이 원하는 바(비가 오지 않기를 바라는 마음)에 따라 데이터를 '재해석'하는 경향을 보이기 때문입니다.

미국의 기자들은 선거 결과가 나올 때를 대비해 미리 두 가지 원고를 써놓습니다. 방송사들은 어떤 사람이 대통령이 될지 몰라 유력한 후보들의 성장 다큐멘터리를 미리 만들어놓습니다. 그렇다고 해도 내심으로는 누가 이길지 미리 생각하고 그 후보에 더 집중한 기사와 방송 자료를 준비합니다. 미국에서 트럼프가 대통령이 되면서부터 복잡해졌습니다. 많은 여론조사 기관, 언론이 예측이 크게 빗나갔습니다. 사람들이 살아가는 사회에서는 가끔 이런 일이 일어납니다. 그 시점이 특이점이 되어, 전통적인 정치 여론 조사의 지형을 바꾸어 놓았습니다. 전화, 면접 등을 통한 전통적인 여론조사보다 소셜미디어에서 더 많이 언급되는 후보가 당선될 확률이 더 높아졌습니다. 이렇게 상황이 바뀌면 여론조사 기관들은 다양한 여론 수렴에 새로운 요소를 추가하거나, 기존의 요소들의 가중치를 변경하여 확률을 계산하게 됩니다.

현대는 통계가 지배한다

처음 통계가 등장한 것은 17세기경이라고 합니다. 괴테는 《이탈리아 기행》에서 독일에서 이탈리아의 북부에 들어서 볼차노(Bolzano)라는 곳을 지나며 통계에 관한 이야기를 남겼습니다. 시장을 둘러보다 일정에 쫓겨 떠나며 "통계를 중시하는 우리 시대에는 아마 이 모든 것이 이미 책으로 인쇄되어 있어서 필요할 때마다 책에서 그것에 관한 정보를 얻을 수 있다는 생각에 위안이 된"다고 표현했습니다. 괴테의 여행은 1786년부터 1788년까지 이어졌기에 18세기 말의 풍경을 묘사한 것으로 볼 수 있습니다. 괴테가 말한 "통계"는 지금과는 조금 다릅니다. 통계학의 영어식 표현이 statistics(스태티스틱스)인데, 이 단어에 'state(스테이트 국가)'라는 말이 들어 있듯이 통계는 정부나 지방의 다양한 정보를 담은 기록물을 뜻했습니다. 지리, 경제, 산업, 행정, 산업 등 다방면의 정보를 담은 종합 지리책이라고 할 수 있습니다.

통계가 오늘날 같은 의미로 사용된 시기는 19세기 초 영국에서였습니다. 상업혁명(15세기 말 대항해시대 이후 서양에서 일어난 상업 체계 및 무역의 변혁)으로 인한 급격한 사회 변화를 파악하기 위한 과학적인 방법으로 통계가 주목받았습니다. 통계는 데이터의 결과물에 바탕을 두어 객관적이라는 신뢰를 받았습니다. 빛이 있기에 그림자가 있을 수 있습니다. 통계에는 '통계를 만드는' 인간의 의도적인 왜곡이 있다는 비판도 받습니다. 소설가 마크 트웨인이 한 말로 전해지는 이야기입니다. "세상에는 세 종류의 거짓말이 있다. 그냥 거짓말, 빌어먹을 거짓말, 그리고 통계다." 《새빨간 거짓말, 통계》라는 책은 통계로 사기 칠 수 있는 사례와 방법들의 역사를 보여줍니다. 그만큼 통계는 사람이나 사회를 설득하는 데 큰 힘을 발휘한다는 증거입니다. 현대는 통계의 시대라고 할 만큼 발전했고, 빅데이터나 인공지능에 통계의 기술이 많이 사용되고 있습니다. 빅데이터나 인공지능 시대의 통계는 단순히 숫자만으로 이루어진 통계보다는 의미를 해석하는 통계가 중요해지고 있습니다.

통계와 관련된 가장 인류애적인 사례는 '백의의 천사'로 불린 나이팅게일의 이야기입니다. 1856년에 러시아와 터키를 비롯한 연합국의 전쟁인 크림전쟁에 간호사로 참가한 나이팅게일은 전투에서 죽는 병사보다 질병으로 죽는 병사가 더 많다는 사실을 알게 됩니다. 그녀는 환자들의 입원과 퇴원, 사망자의 수, 사망 원인 등 야전 병원에서 일어나는 일들을 기록합니다. 이 과정에서 병원의 청결 상태가, 병사들이 더 많이 죽는 원인이라는 결론을 냅니다. 병원 관계자들에게 이야기했지만 복잡한 숫자들을 이해하기 어려워했습니다. 그래서 사망자 수를 부상, 위생 상태, 기타 등의 요인을 한눈에 볼 수 있도록 도표로 작성했습니다.

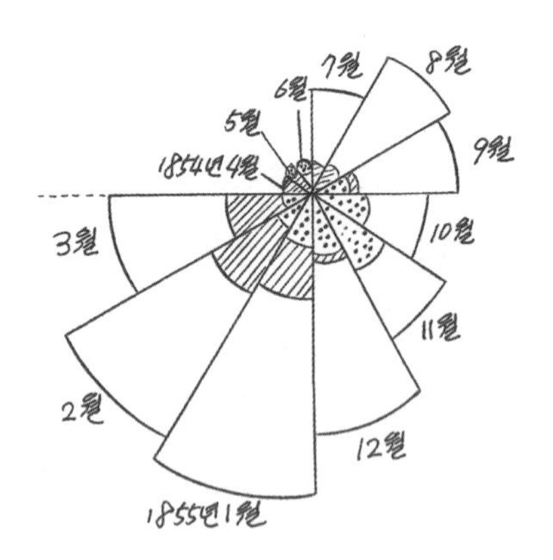

나이팅게일이 만든 도표는 1854년 4월~1856년 3월까지의 사망자를 나타냈습니다. 그림처럼 시계방향으로 월이 진행되며 관련 통계를 시각적으로 보여줍니다. 줄무늬는 부상으로 인한 사망이고, 흰색은 예방이 가능한 사망, 점으로 된 부분은 기타 원인에 의한 사망을 나타냅니다. 그림을 보면 흰색, 즉 예방할 수 있는 환자의 비율이 60~70%까지도 나타나는 것을 한눈에 알 수 있습니다. 나이팅게일은 이 통계자료와 요청 문서를 영국 사령관에게 보냈습니다. 뛰어난 도표 덕분에 조립식 병동을 전장에 보낼 수 있었고, 사망률이 42%에서 2%로 줄어들었습니다.

통계는 우리 일상에도 깊이 들어와 있습니다. 약이나 음식의 효과는 많은 논란을 일으킵니다. 어떤 전문가가 "어떤 식물(약/ 음식)이 어떤 건강에 좋다"고 하면 관련 상품이 불티나게 팔리다가 어느 새 줄어드는 일이 반복됩니다. 많은 사람이 사용할 때는 효과가 전문가의 얘기와 다르기 때문입니다. 그렇다고 전문가가 틀렸다고도 하기 힘듭니다. 그 전문가도 어느 정도의 통계에 바탕을 두었을 테니까요. 사람 몸과 관련한 진정한 통계가 나오지 않는 이유는 살아 있는 인체에 적용한 통계가 쉽지 않기 때문입니다. 그래서 제기된 검증 방법이 귀무가설(歸無假說, Null hypothesis)입니다. 처음부터 맞지 않으리라고 예상하고 세우는 가설입니다. 확률이 1/20보다 작게 나온다면 귀무가설이 틀렸다(원래의 통계가 맞는다)는 것을 이야기합니다. 기준은 영국의 통계학자인 로널드 피셔에 의해 정의되어 지금까지 쓰고 있습니다. 귀무가설은 인체뿐만 아니라 여론 조사, 과학 통계 등에도 적용할 수 있습니다.

평균이 말해주지 않는 것이 있다

한 회사의 연봉을 조사했더니 평균이 8,000만 원이었습니다. 그런데 갑돌이와 동기들 일곱 명은 3,000만 원이었습니다. 사장 아들은 4억 3,000만 원이었습니다. 월급을 다 합한 후 8로 나누니 8,000만 원이 나옵니다. 평균의 함정입니다. 갑돌이와 동기들은 화가 납니다. 이런 경우 편차를 이용합니다. 편차는 평균에서 벗어난 정도를 측정하는 기준이 되는데, 각각의 값에서 평균을 뺀 값을 말합니다. 문제는 한 사람씩은 편차를 구하면 상대적인 값을 구할 수 있지만, 편차의 합은 항상 0이라는 점입니다. 갑돌이와 친구들은 –(마이너스) 편차를 보이지만, 그 합만큼 사장 아들은 +(플러스) 편차를 보이기 때문입니다. 평균에서 차이라는 개념은 남겨두고 합을 구하는 방법은 제곱해서 더하면 됩니다. 이때 구한 값을 분산(Variance: 갈라지거나 흩어진 정도)이라고 합니다. 제곱하면 모두 양이 되지만, 원래의 값보다 제곱한 만큼 더 크게 되기 때문에 다시 제곱근을 해줍니다. 이때 구해지는 값이 표준편차(Standard Deviation)라고 합니다.

앞의 사례의 표준편차를 구해봅시다. 편의상 직원들을 갑1, 갑2, 갑3, 갑4, 갑5, 갑6, 갑7, 사장 아들(이하 사아)로 구별합시다. 평균에서 각각의 편차는 '사아'를 뺀 직원들은 –5,000만이고 사아는 +3억 5,000만이 됩니다. 이를 다 합하면 7×(-5)+35=0이 됩니다. 각각을 제곱하여 더한 결과인 분산 값은 25×7+1225=175+1225=1400(단위 천만)이고, 표준편차를 구하면 37.4(단위 천만), 즉 3억 7,000만에 가까운 높은 표준편차를 보입니다. 다른 사례로 직원들의 월급은 5,000만 원이고 사장 아들은 1억 8,000만 원이라고 해보면, 표준편차는 12.7로 앞의 사례보다는 작게 나옵니다.

분산이나 표준 편차는 관측한 값들이 차이가 나는 정도를 보여주지만 어떤 부분에 많이 있는지는 알려주지 않습니다. 이럴 때 각각의 값들이 어디에 있는지를 한눈에 보여주는 방법으로 분포를 이용합니다. 분포(分包)는 흩어져 퍼져 있다는 뜻으로 영어로는 Distibution(디스트리뷰션)입니다. 분포를 도표와 같은 그래프로 그리면 분포 그래프가 됩니다. 이런 그래프 중에는 아래로 입을 벌린 포물선 모양과 유사한 종형이 있습니다. 통계학에서 가장 이상적인 형태라고 하며, 이 그래프의 분포를 정규분포라고 합니다. 정규분포는 외부에서 어떤 작용이 없을 때, 나타나는 유형입니다. 작용이 있으면 전혀 다른 분포를 보일 수 있습니다.

정규분포와 비정규분포의 차이를 간단한 사례를 통해서 살펴봅시다. 주사위를 2번 던진다고 할 때, 합이 2인 경우는 (1, 1)로 가짓수는 1입니다. 합이 3인 경우는 (1-2, 2-1)로 가짓수는 2, 합이 4인 경우는 (1-3, 2-2, 3-1)로 가짓수는 3입니다. 이렇게 계속 가짓수를 계산해보면, 2번 던진 주사위 값의 합이, 2, 3, 4, 5, 6, 7, 8, 9, 10, 11, 12가 될 확률은 각각 $\frac{1}{36}$, $\frac{2}{36}$, $\frac{3}{36}$, $\frac{4}{36}$, $\frac{5}{36}$, $\frac{6}{36}$, $\frac{5}{36}$, $\frac{4}{36}$, $\frac{3}{36}$, $\frac{2}{36}$, $\frac{1}{36}$이 됩니다. 가로를 합의 값으로 두고 세로를 나올 확률을 두면 그래프는 다음과 같이 종 모양의 그래프가 나옵니다.

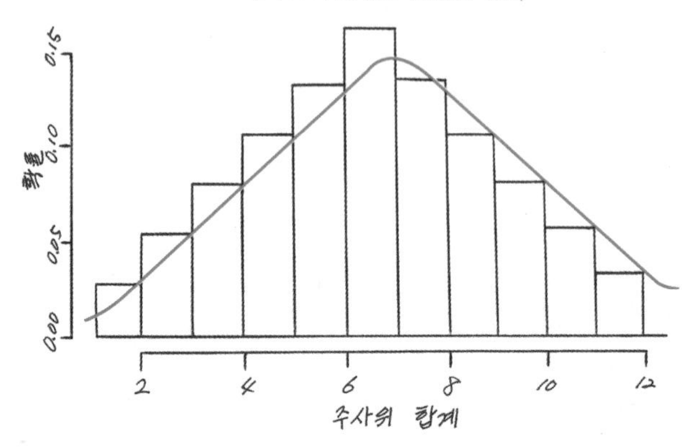

그런데 사기꾼이 첫 번째는 일반 주사위로 던지고 두 번째 던질 때는 주사위가 6만 나오게 하겠다면 어떤 모양의 그래프가 될까요?

합이 7인 경우는 (1-6)으로 가짓수는 1, 합이 8인 경우는 (2-6)으로 가짓수는 1, 합이 9인 경우는 (3-6)으로 가짓수는 1, 합이 10인 경우는 (4-6)으로 가짓수는 1, 합이 11인 경우는 (5-6)으로 가짓수는 1, 합이 12인 경우는 (6-6)으로 가짓수도 1이 됩니다. 총 가짓수는 여섯 가지뿐이고 각각의 확률은 $\frac{1}{6}$입니다. 이를 그래프로 그려보면 합이 1~6까지는 전혀 나타나지 않고 합이 7~12인 확률이 $\frac{1}{6}$인 계단형 모양을 보이게 됩니다.

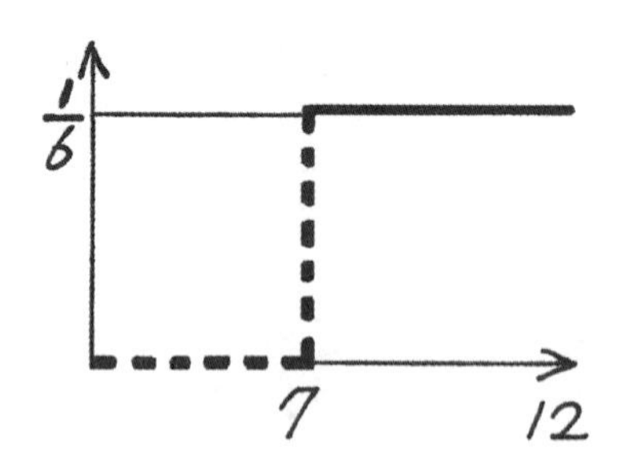

종형 모양은 1835년 벨기에의 아돌프 케틀레(Adolphe Quetelet, 1796~1874)를 통해 범죄, 이혼, 자살, 출생, 사망, 키, 몸무게 등으로 연결 지어 활용됩니다. 처음에는 자살 등을 예측한다는 데에 반발이 심했습니다. 유명인의 자살이 자살 충동을 일으킨다는 사례가 있기는 하지만, 자살 예측률이 사람들을 움직인다는 증거는 아직 없습니다. 어쨌든 통계 그래프는 예측에 많이 활용된다는 점은 분명합니다. 그렇지만 통계 그래프는 정확한 예측이 아니라 가능한 추측이라는 점으로 해석해야 합니다. 개인은 자신의 선택에 따라서 통계와는 달라질 수 있습니다. 물론 통계 대상이 많아지거나 집단으로 가면 좀 더 예측에 가까운 경향을 보입니다.

정규분포를 함수식으로 표현하면 $f(x) = \frac{1}{\sigma\sqrt{2\pi}}\exp(-\frac{(x-\mu)^2}{2\sigma^2})$ 입니다. 지수 함수 식의 한 종류라고 할 수 있습니다. μ(뮤)는 평균값을 뜻하고 exp(익스퍼넨셜)는 자연상수 e를, σ(시그마)는 표준편차입니다. $-\frac{(x-\mu)^2}{2\sigma^2}$의 값은 제곱과 상수 2만 있기에 항상 음수입니다. 그래서 지수함수의 그래프는 x=μ인 곳에서 멀어질수록 값이 작아지고 x=μ인 지점에서 가장 값이 큽니다. 지수가 $(x-\mu)^2$이므로 x=μ 인 지점을 지나며 축과 수평한 직선을 중심으로 대칭으로 나타납니다.

확률을 활용하여 상품을 설계한 보험회사는 정규분포를 이용해서 개인별 보험료를 산정합니다. 질병에 걸릴 평균 확률을 μ라고 하면, μ보다 확률이 높은 오른쪽에 있는 사람들에게는 더 비싼 보험료를 왼쪽에 있는 사람들은 너 낮은 보험료를 책정하게 됩니다. 정규분포는 사람의 역할이 들어가거나, 사회처럼 다양한 사람들의 심리가 작용하는 곳에서는 잘 나타나지 않습니다. 지역에 농부가 작물을 재배하는데, 씨앗만 뿌려놓는다면 작물의 크기는 종형 분포를 보입니다. 농부는 작은 크기의 작물을 줄이려고 품질을 개량했습니다. 이번에는 작은 것은 크게 줄어들고, 큰 작물이 많아졌습니다. 왼쪽은 찌그러지고 오른쪽은 크게 부풀린 형태의 곡선이 나옵니다. 사람들이 사회적인 활동으로 만들어지는 도시들을 크기에 따른 분포를 그래프로 그리면 지수함수 형태의 종형 분포가 아닌 멱함수의 형태를 보입니다. 종형 그래프와 달리, 빗줄이 그어진 부분으로 나타나는 멱함수의 그래프는 급하게 꺾여 들어갑니다. 도시 규모는 작은 것들이 아주 많다가 도시가 커질수록 급격하게 떨어지는 결과를 보입니다. 이런 멱함수 그래프는 경제·사회 현상 등의 통계에서 자주 볼 수 있습니다.

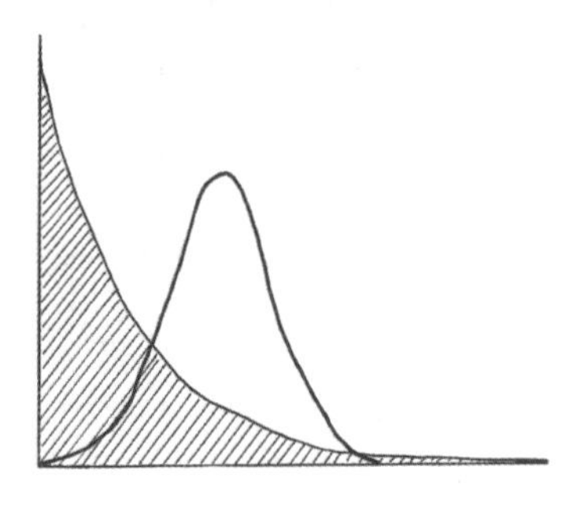

정규분포는 정상분포라고도 하는데, 개인 별로는 평균을 넘어서면 좋지 않다는 것을 알려줍니다. 로마 아우구스투스 시대의 시인 호라티우스(Horatius)는 "만물에는 적절한 정도라는 것이 있다. 그에 못 미치는 것도 넘어서는 것도 바람직하지 않은 경계가 존재한다"라고 이야기했습니다. 아리스토텔레스는 "너무 많이 먹는 것도 너무 적게 먹는 것도 건강을 해친다"라고 이야기했습니다. 섭식과 건강의 관계는 선형적이지 않고 곡선적이라서 어느 쪽이든 양 끝은 나쁘기 때문입니다.

스포츠는 통계학과 친하다

통계는 표본 수가 적을 때, 큰 변동을 보입니다. 현대에서 가장 통계를 많이 사용하는 분야는 스포츠이고, 특히 야구입니다. 그런데 한 타석 출전할 기회를 가진 선수가 안타를 치면 타율은 10할(100%)이 됩니다. 한국을 대표하는 타자들은 3할대인데요. 그래서 야구에는 규정타석과 규정이닝을 두고 있습니다. 일정한 수준 이상일 때만 순위에서 의미가 있게 됩니다. 마찬가지로 통계에서 의미 있는 결과를 측정할 때는 최소한의 기준을 둘 수 있습니다. 데이터가 많아질수록 평균 즉 예상되는 기댓값으로 수렴합니다. 18세기의 수학자 드 무아브르(Abraham De Moivre, 1667~1754)는 그의 '중심극한정리'에서 횟수 n의 제곱근의 역수, 즉 $\frac{1}{\sqrt{n}}$이 오차율에 비례한다고 증명했습니다. 예를 들어 100번을 했을 때는 10%만큼의 오차가 1,000을 던지면 약 3.1%만큼의 오차가 나오는 게 정상이라는 이야기입니다. 정규분포 곡선으로 설명하면 곡선이 가팔라진다고 할 수 있습니다.

야구에서 타율은 여전히 중요하지만, 최근에는 출루율(OBP, On-base Percentage)도 중요해졌습니다. 이는 야구의 역사와 관련이 있습니다. 1850년대까지 미국 야구는 공을 치거나 세 번 헛스윙할 때까지 계속 타석에 섰고 볼넷을 인정하지 않았습니다. 1858년에 치기 좋은 공이 오는데도 안 치면 헛스윙으로 간주하는 '스트라이크 선언'이 시작됩니다. 이후 투수들이 타자가 치기 어려운 공을 던지자 1863년 '볼'을 인정하고 안타도 세분화했습니다. 야구의 규칙이 정밀해지면서 이와 관련한 통계가 발전합니다. 한 가지 예는 장타율입니다. 장타율은 베이스를 이동한 구간을 수로 환산하여 0에서 4의 값을 가집니다. TV 방송에서 보여주는 OPS(on-base pluse slugging)는 출루율과 장타율을 합산한 값입니다. 장타율은 출루 횟수를 합한 값으로 홈런은 4개의 베이스를 다 돌기 때문에 4점입니다. 만약 100번 출루해서 50개의 안타를 2루타로 쳤다고 하면, $\frac{50 \times 2}{100} = 1$이 됩니다.

영화 〈머니볼〉은 OPS를 활용하여 큰 성공을 거둔 구단의 이야기를 담고 있습니다. 실제 있었던 이야기입니다. 그 구단은 그해에 예산이 수십 배 이상 높은 구단에 못지않은 성적을 냅니다. 그 후 모든 메이저리그 구단은 이 통계 데이터에 주목하기 시작했습니다. 이 사례가 있기 전까지 메이저리그 구단이 타자 스카우트 기준은 타율이 중심이었습니다. 그런데 메이저리그의 가난한 팀인 오클랜드 애슬레틱스(Oakland Athletics)는 OPS 등을 활용해서 선수를 싼값에 스카우트했습니다. 타율은 떨어지지만, OPS가 높은 선수들은 스카우트 비용이 적었습니다. 타율이 낮음에도 OPS가 높은 선수들은 출루율이나 장타율이 높은 선수들입니다. 포볼을 많이 받거나 안타가 장타라 중요한 순간에 점수를 내는 데 기여합니다. 박병호 같은 선수의 팀 기여도는 평균 타율 이상이라는 것을 보면 쉽게 이해할 수 있습니다. 결국 2000년 오클랜드는 아메리카리그에서 1위를 했습니다. 남들이 주목하지 않는 것 중에서 가치 있는 통계를 찾아내면 경제적·사회적 가치를 발굴할 수 있다는 것을 보여주는 사례입니다.

통계는 그래프가 중요하다

19세기의 수학자들은 우연적 사건에 나타나는 확률적 패턴의 중요성을 깨달았습니다. 자살과 이혼 같은 인간의 행위조차 평균적, 그리고 장기적으로 보면 정량적 법칙으로 연결해서 해석할 수 있다는 것을 보여주었습니다. 통계는 예측 불가능한 세상을 수치로 해석합니다. 그렇지만 통계는 모든 데이터를 다 처리하고 해석하지는 않습니다. 그래서 통계는 가끔 이미 있는 결론에 가깝게 해석되거나 편견을 조장하거나 소수를 무시하는 결과에 이용되기도 합니다. 통계는 미래도 현재도 아닌 과거의 데이터에 바탕을 둔다는 한계도 가집니다. 그렇지만 통계 데이터는 점점 더 많아지고 있습니다. 매일 언론을 통해서 새로운 데이터 통계가 등장하고 사람들은 통계를 통해 판단하고 결정하는 데 익숙합니다.

통계를 보여줄 때 도표는 빼놓을 수 없습니다. 나이팅게일의 도표에서 보듯이 숫자보다는 그림이 이해를 도와줍니다. 그래서 어렵지만 관심이 많은 통계 결과일수록 그래프를 통해서 표현하고 있습니다. 경제학의 결과들을 표현하는 그래프들은 곡선이 대부분입니다. 곡선은 직선과 같지 않은 비선형입니다. 미분은 이런 곡선에 있는 직선으로 분해해서 설명하는 방법을 제시하고 있습니다. 각 곡선은 기울기로 표현되는 접선을 찾아낼 수 있습니다. 그러면 얼마나 빨리 그 곡선이 변하는지 알 수 있습니다. 경제학에서는 곡선 속에서 속도, 효율, 성과주의 등으로 상징되는 표준을 뽑아내어 제시하려고 합니다. 주식과 같이 많은 데이터를 다루는 분야는 두 가지 이상의 데이터 관계를 보여주는 '차트(chart)'를 사용합니다. 차트는 그래프와는 다릅니다. 둘 다 통계를 바탕으로 하지만, 그래프가 좌표에서 축을 중심으로 변화를 담아낸다면 차트는 좌표와 상관없이 데이터의 관계를 보여준다는 점이 다릅니다.

그래프에도 착시효과가 있습니다. 그래프에서 보이는 통계 효과가 '1'에 집중된다는 연구가 있습니다. 1938년 미국의 제너럴일렉트릭(GE)에서 근무하던 물리학자 프랭크 벤포드(Frank Benford, 1883~1948)는 주민 수, 신문에 게재된 각종 표에서 뽑은 수치, 강 수위 등등 어떤 수치든 상관없이 수치들의 맨 앞자리는 항상 특정 법칙에 따라 분포되는 것을 발견했는데, 이를 '벤포드의 법칙(Benford's law)'이라고 부릅니다. 이 법칙은 수치들이 자체 크기에 비례하여 증가(혹은 감소)하는 법칙입니다. 일정한 비율로 성장하는 기업의 사례를 보면 이해에 도움이 됩니다. 어떤 기업이 매년 10%씩 성장한다고 가정해봅시다. 성장이 그대로 회사의 주가에 반영된다고 가정해봅시다. 처음 주가는 100이라면 1년 뒤에는 110이 되고 그다음 해에는 121, 그다음엔 133, 그리고 146, 이렇게 늘어납니다. 1.1의 배수로 2가 넘는 데는 8년이 걸립니다.

그다음부터는 진행이 확실히 빨라집니다. 200부터는 1년 후에 220이 되고 다음 해는 242가 됩니다. 900이 넘으면 주가는 1년 만에 금방 1,000단위로 뛥니다. 900에서 10% 성장하면 벌써 990이 되기 때문입니다. 주가가 100을 벗어나기까지는 여러 해가 걸렸지만, 수치가 커질수록 다음 단계로 넘어가는 속도도 빨라집니다. 주가가 1000에 이르면 100에서의 과정이 반복됩니다. 세무서에서는 탈세의 징후를 찾아내는 데 벤포드의 법칙를 이용합니다. 예외도 있습니다. 성경에 등장하는 숫자는 전반적으로 벤포드의 법칙을 따르는데, 유독 7은 기대치보다 자주 등장합니다. 천지창조 등 7의 상징적 의미 때문입니다. 또한 전화번호처럼 사전에 규칙을 만들어 만든 숫자들이나 주민등록번호의 연령 분포처럼 시간을 두고 천천히 형성되는 경우에는 맞지 않습니다.

9. 수학이 스토리인 이유

철학자들 수학을 예찬하다

'수학자란 무엇인가'에 관한 흥미로운 일화가 있습니다. 《모든 이를 위한 수학》에서 읽은 내용입니다.

> 민속학자, 물리학자 그리고 수학자가 기차를 타고 어느 고장을 달리고 있었다. 이들은 들판에서 풀을 뜯는 검은 양을 보았다. 민속학자가 말했다.
>
> "아하, 이 고장의 양들은 모두 검은색이군."
>
> 이에 물리학자가 응수했다.
>
> "아니지, 이 고장에는 최소한 검은 양이 한 마리가 있지."
>
> 이에 수학자가 귀찮다는 듯 덧붙였다.
>
> "틀렸어. 이 고장에서는 최소한 한 면이 검은색인 양이 있는 거야."

물리학자도 수학을 잘하는 사람들입니다. 하지만 그들이 자연과 현실에 바탕을 두는 것에 비해 수학자는 가장 추상적인 단위로 만들어 연구한다는 이야기를 풍자하고 있습니다. 다행히 우리가 알고 있는 수학은 수학자들이 연구하는, 어렵고 까다로운 내용 중에서 가장 명확하게 정리된 내용들입니다.

수학은 철학자들이 예찬하는 분야이기도 합니다. 현대철학자인 알랭 바디우(Alain Badiou)는 《수학 예찬》에서 "수학은 존재로서의 존재를 다루는 존재론이자 참된 삶, 비할 데 없이 행복한 삶으로 가는 가장 빠른 길"이라고 이야기합니다. 추상적인 수학적 사고의 대가인 버트런드 러셀(Bertrand Arthur William Russell)은 《수학, 문명을 지배하다》에서 다음과 같이 말합니다.

> 제대로 보면, 수학은 최상의 아름다움, 즉 조각의 아름다움과 마찬가지로 우리의 약한 본성 어디에도 호소하지 않고, 음악이나 그림의 화려한 장식도 없지만, 숭고할 정도로 순수하며 가장 위대한 예술만이 보여줄 수 있는 그러한 엄격함과 완벽함을 가능하게 하는 차갑고 엄숙한 아름다움을 소유하고 있다. 최고의 탁월함이 기준이 되는 진정한 기쁨과 희열감, 인간을 초월한 듯한 느낌으로 바로 시에서와 같이 확실히 수학에서도 발견할 수가 있다.
>
> 완벽한 구조의 아름다움 외에도 증명과 결론을 창조해내는 데에 불가피하게 사용될 수밖에 없는 상상력과 직관은 숭고한 미학적 만족감을 창조자에게 선사한다. 만일 통찰과 상상력, 균형과 비례, 과잉됨의 배제와 목적에 대한 수단의 정확한 적용을 아름다움이라는 틀 속에서 이해할 수 있다면, 그리고 그것이 예술 작품의 특징이라면, 수학은

그 자체로 아름다움을 가진 예술이다.

이 철학자들 정도는 아니더라도 수학과 조금씩 친해질수록 수학의 매력이 조금씩 다가오지 않을까 싶습니다.

수학은 언어다

수학은 다양한 용어와 기호를 언어처럼 활용하는 학문입니다. 글을 읽고 대화를 나눌 때 언어가 필요하듯이 수학을 하기 위해서는 수학의 언어를 통해 대화해야 합니다. 수학은 때로 가장 명확한 언어 소통의 수단일 수도 있습니다. 나사의 과학자들은 처음 우주에 로켓을 쏘아 올릴 때, 얼마만큼의 속도를 해야 할까 고민했었습니다. 한 수학자가 뉴턴의 수학을 이용해 그 값을 계산했습니다. 일명 지구로부터의 '탈출 속도'입니다. 이 수학자 덕분에 많은 과학자는 고민을 해결할 수 있었습니다. 나사(NASA) 과학자들은 수학이라는 증명가능한 논리를 통해 공감할 수 있었습니다. 공감은 '의사소통'에서 가장 큰 수단입니다.

언어의 의미를 조금 더 생각해볼까요. 영어와 한국어가 다른 이유는 고대부터 살던 사람들이 자신들의 문화에 바탕을 두었기 때문입니다. 돌을 보고 한국인들은 '돌'이라고 했고, 영어권 사람들은 'stone(스톤)'이라고 했습니다. stone이 어원은 독일어의 stein(스타인)으로 알려졌는데, 유럽에서 각종 질병이 창궐하던 시기에 위생상의 이유로 뚜껑 있는 잔을 만들어 사용했는데 이 잔의 이름이 'stein krug'(스타인 크루크)였다고 합니다. 우리말 돌에서 단단한 항아리를 '독'이라고 하는 것과 관련이 있어 보입니다. 이런 표현을 처음 누가 만들었는지 몰라도 사람들이 함께 쓰려면, 사람들이 이렇게 부르자고 약속하였기 때문입니다. 어떤 사람들은 돌을 두고 '돌'이라고 하지 않고 '독'이라고 약속할 수도 있습니다. 실제로 독은 돌의 원래 말이고 전라도에서는 지금도 쓰는 사투리입니다. 마찬가지로 수학 기호나 용어는 약속한 언어라고 정리할 수 있습니다. 일상생활에서 거의 쓰지 않아 처음 보는 나라의 언어처럼 보일 뿐입니다.

수학의 기호나 개념, 표현은 가짓수가 많지만 정작 중요한 것은 많지 않은 편입니다. 감정의 느낌을 주어 혼동을 주는 표현들도 있습니다. 무리수, 음수, 허수 등이 그렇습니다. 영어로 irrational number(이레이셔널 넘버), negative number(네거티브 넘버), imaginary(이메지너리) 등인데 모두 부정적인 표현입니다. 기호는 빠르고 쉽게 쓰도록 만든 사례들이 많습니다. 칠판에 글씨를 통해 수학을 풀어가는 수학자들을 상상하면 이해가 됩니다. 수학 기호나 용어를 낯선 나라의 언어라고 생각하고 접근하면 문과생들도 수학과 친해질 수 있지 않을까 싶습니다.

외국인에게 어려운 한국말이 우리에게 쉽게 느껴지는 이유는 자주 쓰고 일상에서 쓰기 때문입니다. 그런 점에서 수학 기호에 친해지는 방법은 자주 사용하는 것입니다. 영화 〈이상한 나라의 수학자〉에서 주인공인 수학자는 수학을 공부할 때 가장 필요한 것은 "용기"라고 이야기합니다. 어렵고 틀리고 막막해도 꾸준히 나아갈 '용기'가 수학을 공부할 가장 필요한 인성이라는 뜻입니다. 미국 생활할 때 한국인만 모여 사는 곳에서 사는 사람은 영어가 늘지 않습니다. '용기'를 내어 외국인과 자주 만나 대화를 하는 사람이 영어가 늘기 마련입니다. 우리의 뇌는 낯선 것도 익숙해질 만큼 자주 접하게 되면 어느 순간이 지나면 친하게 느끼는 특징이 있습니다.

상상은 증명으로 이어진다

수학은 '어떤 것이 옳고, 어떤 것이 진리인가?'하는 질문을 하지 않습니다. 옳고 그름을 따지기보다는 '각각의 모순이 없는 체계를 가지고 있는가?'를 묻는 학문입니다. 수학자들이 노벨상을 수상했다고 하면 노벨경제학상입니다. 주로 '게임 이론' 분야로 받습니다. 주식이나 경제 지표들을 수학의 게임이론을 바탕으로 해석합니다. 게임이론의 가장 중요한 성과 중 하나는 엄청나게 다양한 상황들이 확실히 평형 상태를 가진다는 발견입니다. 이 사실은 노이만(John von Neumann, 존 폰 노이만, 1903~1957)이 증명하고 존 내시(John Forbes Nash, 존 포브스 내시, 1928~2015)가 확장했습니다. 영화 〈뷰티풀 마인드〉의 실제 주인공인 존 내시는 한 카페에서 자신을 포함한 남성 세 명과 여성 세 명이 어떻게 짝을 만들어야 모두 만족할 수 있을까를 연구합니다. 만약 남자 모두가 가장 매력적인 여성을 선택한다면 그 쌍이 모두 만족한다고 해도 네 명은 불만이 생기게 마련입니다.(불안정한 상태) 그럴 때 모두 차선책을 선택하려 한다면 최대로 여섯 명 모두 만족할 수 있는 상황이 생길 수 있습니다. 일종의 평형상태(안정된 상태)가 된 것이죠. 내쉬는 이를 일반화해서 다수의 총합이 가장 높은 안정성을 위한 식을 만듭니다. 나중에 그는 이 이론으로 노벨경제학상을 수상합니다. 평형상태의 증명을 실제 사례를 통해 보여주고 있습니다.

증명과 관련해서 '오래된 난제'가 있는 학문이 수학입니다. 가장 유명한 난제는 '페르마의 마지막 정리'였습니다. 페르마는 증명했다고 말하고 증명의 일부도 공개했습니다. 하지만, 전체 증명은 공개하지 않았습니다. 누군가 증명했다고 하고 또 증명의 일부도 있으니 수학자들이 연구 열정에 불을 지를만 합니다. 페르마의 마지막 정리는 'n>2 일 때, $x^n+y^n=z^n$ 방정식을 만족하는 양의 정수 x, y, z는 존재하지 않는다'입니다. 알다시피 피타고라스의 정리 $x^2+y^2=z^2$을 만족하는 수는 3, 4, 5… 등 많이 있습니다. 이 식을 기하학으로 해석하면 어떤 정사각형의 면적(변의 길이 5, 면적 25)은 두 정사각형(각각 변의 길이가 3과 4, 면적은 9와 16)의 면적을 더한 것과 같다는 뜻이 있습니다. 그렇다면 $x^3+y^3=z^3$ 을 만족하는 x, y, z가 없다는 것은 기하학으로 보면 어떤 뜻이 있을까요? 어떤 길이를 가진 정육면체의 부피(길이의 세제곱이니까)는 두 정육면체의 합으로 나타낼 수는 없다는 뜻과 같습니다. 영국의 수학자 앤드루 와일스(Andrew John Wiles, 1953~)는 10세부터 고민하여 41세가 되던 1995년에 증명합니다. 증명과정이 절대 쉽지 않지만, 어쨌든 해결하였습니다. 비록 페르마가 증명했다고 하는 방법과 (페르마는 공개하지 않았으니) 같은 지는 알 수 없지만 말입니다. 와일스는 나이가 40세 이하인 사람만 수상할 수 있는 '필즈상'을 수상하지 못했지만 높은 명성을 얻었습니다.

여전히 해결되지 않는 과제 중에서 일반인도 알 수 있는 과제는 '리만 가설'입니다. 수학자이자 물리학자인 리만(Bernhad Rieman, 베른하르트 리만, 1826~1866)이 소수와 관련해 던진 가설입니다. 소수는 규칙성이 없다고 알려져 있었는데 가우스는 소수가 나타나는 규칙성을 찾으려 했지만 뚜렷한 결과를 내지 못했습니다. 리만은 소수로만 이루어진 제타(ζ, 그리스어) 함수를 통해 입체화 할 수 있다는 '가설'을 제시합니다. 만약 가설을 증명한다면, 규칙도 없이 무질서하게 배열되던 소수의 일부를 함수로 만들 수 있게 되어 소수가 만드는 규칙들의 비밀이 풀릴 수 있습니다. 이렇게 되면 소수를 이용하는 암호체계는 구멍이 뚫리게 됩니다. 영화 〈이상한 나라의 수학자〉에서는 주인공 이학성이 리만 가설을 증명한 인물로 등장합니다. 만약 누군가가 이 가설을 증명한다면 노벨상 수상 이상의 역사로 남게 됩니다.

수학자는 증명을 하는 순간 부와 명예가 따라오지만 때로는 증명 자체를 즐기는 경우도 많습니다. 페르마도 그런 사람이었습니다. 일종의 '귀찮음'과 '나 똑똑함'의 결합 혹은 '연구 자체에 관한 열정'이라고 할까요. 페르마는 자신의 업적이 세상에 알려지는 것은 아무런 의미가 없다고 생각합니다. 그저 남들의 방해를 받지 않는 조용한 곳에서 새로운 정리들을 증명하는 것에 만족하는 사람이었습니다. 하지만 장난기도 많은 사람이었습니다. 자신이 최근 발견한 수학 정리를 아무런 증명도 없이 적어놓고, "당신도 한번 이 정리를 증명해보시죠. 저는 이미 했습니다"라면서 읽는 사람의 마음을 애태우곤 했습니다. 그의 이런 태도를 두고 '비평가들이 쏟아붓는 시시콜콜한 질문을 피하기 위해 명성을 포기한 베일 속의 천재'라는 평가도 있습니다.

현대에도 그런 수학자가 있습니다. 그리고리 야코블레비치 페렐만(Grigory Yakovlevich Perelman, 1966~). 30대 나이에 수학계가 100년 동안 풀지 못했던 난제(푸앵카레 추측: 3차원 공간의 모든 단일폐곡선이 하나의 점으로 모일 수 있다면 그 공간은 구와 위상적으로 같다)를 해결하였지만, 100만 달러의 상금 수령을 거부했습니다. 수학계 노벨상인 필즈상 수상도 거부하고 있습니다. 고향인 러시아 상트페테르부르크 서민 아파트촌에 은둔하며 연구에만 매달리고 있습니다. 자신의 업적은 평가받고 싶었지만 많은 사람의 질문, 관심에서 벗어나 수학에만 몰두하려 했던 페르마와 같은 생각은 아닐까 하고 추측해봅니다. 어떤 인터뷰도 거부하기 때문에 그저 추측만 할 뿐입니다.

조금 다른 관점에서 증명을 바라볼 필요도 있습니다. 힐베르트는 1900년 당시에 풀리지 않던 23개의 중요한 수학문제를 발표했습니다. 증명은 논리가 중요한 듯 하지만, 한편으로는 다양한 접근을 위한 상상의 영역이기도 합니다. 이와 관련하여 재미있는 일화가 있습니다. 힐베르트에게 누가 어떤 수학자가 소설가로 직업을 바꾸었다는 말하자 그는 이렇게 대답합니다. "그건 간단한 일입니다. 그의 상상력은 수학자가 되기에는 모자라지만 소설가가 되기에는 충분하니까요."

수학은 발견일까 발명일까?

독일의 수학자 크로네커(Leopold Kronecker, 레오폴트 크로네커, 1823~1891)는 다음과 같이 말했습니다. "신은 자연수를 만들었고, 그 밖의 모든 수는 인간이 만들었다." 크로네커는 주로 정수론을 발전시킨 학자였습니다. 인간의 관점에서 바라보면 자연수는 원래 있던 수를 발견한 것이고, 그 외의 수는 인간의 필요로 발명한 것이라고 이야기한 것 같습니다. 수가 그렇다면 수학 전체는 어떨까 생각해보게 됩니다. 수학은 자연이나 우주에 있는 상태를 발견하여 표현한 것일까? 아니면 새로운 진리를 만들기 위해서 발명한 것일까? 결론부터 말하자면 수학자들도 발견과 발명의 구분이 명확하지 않다고 말합니다. 콜럼버스가 아메리카 대륙을 '발견'한 경우처럼 수학에서는 발견이지만 발명 같은 면을 가진 경우가 많습니다. 수학의 발견과 발명의 대상은 물질이 아니라 개념입니다. 개념은 처음 공부하는 사람에게는 이해가 쉽지 않습니다. 발명과 발견이 이루어지는 내용을 구체적으로 살펴보려는 이유는 수학의 각각의 개념이 나올 때까지는 수많은 이야기를 찾아보고 싶기 때문입니다. 누군가의 발명품만 볼 때 비해 발명의 과정, 발명가의 이야기를 들으면 더 쉽게 다가오고 이해되듯이 수학의 발견과 발명에서 이야기를 찾아갈 필요가 있습니다.

먼저 발견을 생각해봅시다. 수학의 발견에 반영된 원리는 우주의 진리를 이해하려는 노력의 결과입니다. 한때 피타고라스 법칙으로도 불렸던 '직각삼각형에서 빗변의 제곱은 밑변의 제곱과 높이의 제곱의 합과 같다'는 내용은 정확하게 이야기하면 '피라고라스의 정리'라고 표현해야 합니다. 말 그대로 자연의 법칙을 정리한 것이기 때문입니다. 수학의 정리는 수학자들이 만든 것이 아니라, 잘 '정리'한 결과물입니다. 발견이 이미 우주와 자연에 있던 원리들을 정리하는 것이라면 발명은 새로운 수학 도구들을 만들어내는 것이라고 할 수 있습니다. 발명이 수학에 받아들여질 때는 반대도 많이 부닥쳐야 했습니다. 앞에서 보았듯이 쉽게 받아들이지 않았던 0, 음수와 허수는 발명의 사례에 가깝습니다. 삼각함수, 미적분학 등도 발명으로 볼 수 있습니다. 수학자들은 이 발명의 허점이 없는지 오랫동안 고민해서 결과물을 내놓았습니다. 인간이 만든 발명이기에 부족한 부분이 있습니다. 0은 나눌 때의 문제, 음수는 연산의 문제를 낳았습니다.

수학은 완벽하다는 느낌을 주는 학문입니다. 하지만 '약속'을 통해 문제를 해결해간 역사의 결과물이기도 합니다. 그래서 수학의 틈을 만날 때 '수학도 원래 완전하지 않구나' 하며 위안하며 그 한계를 인정하고, 수학의 '약속'에 익숙해지는 게 현명합니다. 수학의 발명품 중에서는 극한이 있습니다. 일상 언어에서의 극한은 매우 괴로운 상태를 뜻하지만, 수학에서는 긍정적인 뜻입니다. 극한은 원의 둘레를 재기 위해 계속 각이 많은 다각형으로 가장 가까운 값을 계산하는 방향으로 발전했습니다. 적분의 원리로 발전합니다. 미분은 반대로 끝없이 쪼개가는 극한으로 계산합니다. 미분 식 $\lim_{\Delta t \to 0} \frac{\Delta x}{\Delta t}$ 은 계산순서가 있습니다. 특정한 값을 갖게 되는 $\frac{\Delta x}{\Delta t}$ 를 먼저 풀고 나서, 그 식에 남아 있는 Δt 의 값을 0으로 적용하여 풉니다. 가까워진다더니 나중에 0을 대입한다니 조금 혼란스러울 수 있습니다. 쉽게 말하면 Δt 가 0이 아니라고 가정하고 식을 정리한 후, 0하고 가까우니 무시하자고 '약속'합니다. 미분의 도함수는 실제로 풀기는 어려운 상황을 극한이라는 개념과 0을 이용해서 유도한 식이라고 할 수 있습니다.

수학에는 알 듯 모를 듯 이런 약속들이 많이 있습니다. 처음 보면 낯설어 어렵게 느껴지는데, 하나씩 개념이 만들어지는 과정을 되짚어가면 깔끔한 결과물을 보며 만족할 수도 있습니다.

수학 사고력이 중요하다

> 나에게 수학은 나 자신의 편견과 한계를 이해해 가는 과정이고, 인간이라는 종이 어떤 방식으로 생각하고 또 얼마나 깊게 생각할 수 있는지 궁금해하는 일이다. 스스로 즐거워서 하는 일에 의미 있는 상을 받아 깊은 감사함을 느낀다.

2022년 수학계의 노벨상인 필즈상을 공동 수상한 허준이 교수가 수상 소감으로 한 말입니다. 수학은 우리 인간의 사유 방식과 한계를 들여다보는 일이고, 또한 즐거움을 준다는 이야기입니다. 수학이 논리적인 사고를 키운다는 이야기를 세 가지 관점에서 접근해볼 수 있습니다.

첫 번째는 착각 줄이기입니다. 이익을 따지는 분야에서는 수학적인 사고를 하는 경우가 많습니다. 주식은 매번 오르락내리락합니다. 그러면 똑같은 비율, 예를 들어 30%로 변했다고 가정해봅시다. 주식이 30% 떨어진 후 30%가 오른 경우, 주식이 30% 오른 후 다시 30% 떨어지면 어느 쪽이 주식 투자한 사람에게 이익일까요? 둘 다 손해입니다. 100원만큼의 주식을 가졌다고 해봅시다. 먼저 떨어진 경우는 70원이 되고 다시 21원이 올라 91원이 됩니다. 먼저 오른 경우는 130원이 되었다가 91원이 됩니다. 모두 9원 손해입니다. 두 가지 경우가 다르다고 착각하는 이유는 우리 뇌가 이런 과정이 익숙하지 않기 때문입니다.

뇌는 숫자 세기를 넘어서면 수학적 학습이 필요합니다. 오르고 내리는 비율을 x라고 해봅시다. 먼저 오른 경우는 원금은 $(1+x)(1-x)$만큼 변화됩니다. 반대 경우는 $(1-x)(1+x)$가 되어 두 식은 똑같습니다. 식을 정리하면 $1-x^2$이 됩니다. 어떤 경우이든 원금보다는 작아집니다. 수학은 다양한 상황에서 벌어질 수 있는 인간의 사고의 오류를 바로잡는 좋은 훈련이 될 수 있습니다.

두 번째는 사고의 순발력입니다. 누군가 48의 제곱 값을 물었다고 생각해봅시다. 암산이 빠른 사람이면 빠르게 대답할 것입니다. 그런데 암산이 느린 사람도 빨리 계산할 수 있습니다. 48은 50에서 2가 적은 수입니다. 48보다 제곱하기 쉬운 50과 2를 이용할 수 있습니다. (50-

2)^{2}과 같으니 $(a-b)^2=a^2-2ab+b^2$을 이용할 수 있습니다. 순서대로 대입하면 이니 50의 제곱은 2,500, 그리고 2에 100을 곱한 값을 빼주고 2의 제곱을 더합니다. 2,304임을 알 수 있습니다. 47 등도 이런 식으로 풀 수 있습니다. 50에서 빠지는 수를 x라고 하면 식은 $(50-x)^2=2500-100x+x^2$입니다. 이 식에서 47, 53 등도 같은 원리로 빠르게 계산할 수 있습니다.

계산의 순발력 관련해서 많이 나오는 예가 1부터 100까지의 합입니다. 이를 하나씩 더하여 계산할 수도 있지만, 1, 2… 99, 100에 거꾸로 나열한 수, 즉 100, 99… 2, 1을 순서대로 1, 2… 100에 맞춰 더하면 각각의 값이 101인 수 100개가 나옵니다. 합계는 10,100입니다. 100까지 합을 두 번 했기 때문에 2로 나누면 5,050이라는 답이 나옵니다. 수학은 어떤 상황을 보고 그 논리적인 패턴을 도출해낸다면 비슷한 패턴이 나오는 상황에서 빠른 결론에 도달할 수 있습니다.

세 번째는 증명을 통해 새로운 사고 펼치기입니다. 수학에서는 증명되지 않은 사실은 '정리'가 되지 않고 다만 가설로 남을 뿐입니다. 증명은 수학의 뼈대라고 할 수 있습니다.

수학은 공식을 암기하여 문제를 푸는 과정이 아니라고 생각합니다. 물론 많은 문제를 풀면서 수학 사고력이 증가할 수 있지만, 개념을 이해하지 못하고 문제만 푼다면 학교를 졸업하고 수학을 잊고 살아가기 쉽습니다. 수학은 전제들로부터 논리적 추론을 통해 새로운 결론을 유도해낼 줄 아는 능력(종합), 문제에 숨어 있는 의미를 파악해내고 공식들과 연결할 줄 아는 눈(분석) 등을 길러주는 학문이라고 생각합니다.

국어는 배우지 않아도 일상에서 사용하면서 배우게 되지만, 수학의 내용들은 일상에서 사용하지 않아 굳이 필요하지 않다고 생각하기 쉽습니다. 하지만 수학적인 사고력은 일상에서 필요합니다. 논리를 키우거나 발명과 프로그래밍 등의 창조력을 높이는 과정에는 수학적 사고력이 큰 도움이 됩니다.

수학은 스토리로 공부해야 한다

허준이 교수는 언론 인터뷰에서 서울대에서 초청 강연을 한 히로나카 교수를 통해 수학자의 길로 들어섰다고 밝힌 바 있습니다. 허 교수는 하로나카 교수의 《학문의 즐거움》 책을 통해 수학 배움의 통찰을 깨달았다고 이야기합니다. 뛰어난 두 수학자 모두, 수학을 배우는 방법으로 끈기를 강조하는 것이 눈에 띕니다. 다음은 책에 나오는 내용입니다.

> 나는 수학을 연구하는 데 있어서 '끈기'를 신조로 삼고 있다. 문제를 해결하기까지에는 남보다 더 시간이 걸리지만 끝까지 관찰하는 끈기만큼은 누구에게도 뒤지지 않는다고 생각한다. 다른 사람이 한 시간에 해치우는 것을 두 시간이 걸리거나, 또 다른 사람이 1년에 하는 일을 2

년이 걸리더라도 결국 하고야 만다. 시간이 얼마나 걸리는가 하는 것보다는 끝까지 해내는 것이 더 중요하다는 게 나의 신조이다.

수학자들도 끈기를 가지고 해야 할 정도로 수학은 공부하기가 쉽지 않습니다. 그런데 수학에는 역사가 있고, 사람과 삶에 관한 이야기가 있습니다. 문명은 수학의 발견과 발명을 통해 발전했고, 다양한 이야기에는 숨은 주인공처럼 수학이 함께 했습니다. 하지만 수학에서는 어떤 개념을 발명한 사람이 그 개념을 가장 깔끔하게 기술하는 방법까지 알아낸 사례가 거의 없다고 이야기합니다. 수학자들은 이야기하기보다는 수식을 이용하여 설명하기를 좋아합니다. 그래서 이해가 쉽지 않습니다. 심지어는 같은 수학자들도 어려워합니다.

다음은 수학자에게도 수학이 쉽지 않다는 재미있는 이야기입니다. 《모든 이를 위한 수학책》에 나오는 글입니다.

수학 교수가 이렇게 말한다면, 의도한 본래의 뜻은 이렇다.

사소한 문제: 어느 학생이든 세 시간 만에 풀 수 있다.

쉬운 문제: 공부를 제일 잘하는 학생이 일주일 정도면 풀 수 있다.

간단한 문제: (적어도 자기 생각에는) 교수 스스로 풀 수 있다.

확실한 문제: 강의록 어딘가에 분명 정답을 메모해두었다.

아는 문제: 동료 교수가 푸는 걸 보기는 했는데 풀이 방법을 잊었다.

잘 알려진 문제: 누군가 풀었다는 이야기를 들었다.

증명 가능한 문제: 맞는 말인 건 확실한데, 그 증명 방법은 모르겠다.

연구를 좀 하면 증명할 수 있는 문제: 지금까지 풀리지 않은 문제로 어쩌면 페르마의 마지막 정리보다 어려울지 모르겠다.

칸토르는 "수학의 본질은 자유"라고 했습니다. 수학을 공부하는 것은 논리의 노예가 아닌 그것의 주인이 되어가는 과정이라는 뜻입니다. 청나라의 황제 강희제는 매일 시간을 정해놓고 유클리드의 《원론》을 공부했다고 합니다. 황제에게는 보통 사람 이상의 지적 능력이 필요했기 때문입니다. 수학은 추론의 과정을 통하여 사고력과 상상력, 응용력 등을 향상할 수 있습니다.

가장 오래된 학문 중의 하나인 수학은 수천 년 동안 발전하면서 수많은 기호와 개념을 만들어냈습니다. 문제는 우리는 단 몇 년 만에 이 기호 개념을 배워야 한다는 점입니다. 수학의 어려움에 직면한 사람들에게 위로가 된다면 수학자들도 우리와 비슷했다는 점입니다. 지금은 교과서에도 배울 정도로 수학의 일부가 된 내용들이 처음 등장했을 때는 동료 수학자들로부터 외면받거나 비난받는 경우가 많았습니다. 어떤 수학자는 죽임을 당하거나 정신병에 걸리거나 우울하게 살다가 죽었습니다. 집합론을 만든 칸토르는 무한의 집합론에 대해 반대가 심해 자신의 논문을 수정하려고까지 했습니다.

결론적으로 말하자면 수학자들이 수학을 잘 설명해주었다면 수학이 조금은 더 쉬웠을 겁니다. 인간이 가장 쉽게 새로운 지식을 받아들이는 과정은 스토리입니다. 가장 오래된 학문인 역사(history, 사람의 이야기를 뜻함), 철학, 종교는 우화 같은 이야기를 통해 핵심 내용을 전달해왔습니다. 수학에도 스토리가 있습니다. 역사가 있고 철학이 있고 일화가 있습니다. 수학의 발달 과정에 얽힌 이야기들로부터 풍부한 사고력과 상상력을 발전시켜야 할 이유입니다.

[부록1]

사각형에서 A+B=x가되고, A가 1이라고 가정해봅시다. 그러면 비례식 A:A+B=B:A는 1:x=(1-x):1로 표현할 수 있습니다. 그러면 내항의 곱은 외항의 곱과 같다는 비례식의 특징을 이용할 수 있습니다. 이 특징은 비례는 분수로 나타낼 수 있는 것에서 유추할 수 있습니다. 외항:내항=내항2:외항2는 다른 식으로 $\frac{\text{외항1}}{\text{내항1}} = \frac{\text{내항2}}{\text{외항2}}$와 같이 표현할 수 있습니다. 그러면 두 변에 (외항1)×(외항2)를 곱하면, (내항1)×(내항2) 와 같이 된다는 것을 알 수 있습니다. 이 방법을 이용해 비례식을 정리하면 x-x^2=1이 됩니다. x-x^2을 우변으로 옮깁니다. 다른 변으로 옮기는 과정은 반대 부호의 값들을 양변에 더하는 과정과 같기에 다른 변에 반대 부호로 더한 것으로 표현할 수 있습니다. 정리하면 x^2-x+1=0이 됩니다. 이 식을 근의 공식(뒤에서 자세히 살펴볼 것입니다)을 이용해 풀면 $\frac{1+\sqrt{5}}{2}$가 되어 약 1.6180339887로 우리가 알고 있는 황금비율입니다.

[부록2]

곱셈과 마찬가지로 $\log\frac{x}{y}=\log x-\log y$가 되고 거듭제곱의 로그는 거듭제곱만 앞으로 보내 곱하면 됩니다. 즉 $\log x^n=n\log x$ 입니다. 무리수를 다룰 때는 $\log\sqrt{x}=\frac{1}{2}\log x$로 처리할 수 있습니다. 제곱이나 제곱근은 앞에서 지수를 설명할 때 곱으로 나타난다는 것을 생각하면 왜 앞으로 보내 곱으로 표현하는지 이해할 수 있습니다. 이제 제곱근은 로그를 이용하면 쉽게 다룰 수 있다는 것을 예를 통해 살펴보죠. 1789의 17제곱근 $\sqrt[17]{1789}$ 의 값은 얼마일까요? 컴퓨터가 없으면 구하기 힘들다는 생각이 듭니다. 로그를 이용해보겠습니다.

$$\log\sqrt[17]{1789}=\log 1789^{\frac{1}{17}}=\frac{1}{17}\log(1.789\times10^3)=\frac{1}{17}(\log 1.178+3).$$

이제 1.789에 해당하는 로그값만 찾으면 쉽게 계산할 수 있습니다. log1.789의 값이 약 0.2526입니다. 전체를 계산해보면 0.1913이 됩니다. 그러면 원래의 값은 어떻게 알 수 있을까요? 로그표를 구한 과정의 역순으로 계산을 하면 됩니다. 로그표에서 지숫값이 0.1913에 해당하는 원래의 수를 찾으면 됩니다. 결과는 $10^{0.1913}$ 과 같게 됩니다. 1.553이라는 결과를 만날 수 있습니다. 지금 사용하는 컴퓨터는 더 빠르고 정확하게 계산할 수 있을 겁니다. 하지만 17세기에 이렇게 복잡하고 어려운 수를 짧은 시간에 구할 수 있음을 생각하면 로그가 얼마나 뛰어난 방법인지 알 수 있습니다.

[부록3]

회전이라는 점은 각을 이용하기 때문에 삼각함수의 형태로 나타납니다. $y=x^2$(포물선의 기본 함수식)을 45도, 즉 $\frac{\pi}{4}$만큼 회전한다고 생각해봅시다. 회전에 관한 기본 변환은 $y' = \cos\theta x + \sin\theta y$ $x' = \sin\theta x + \cos\theta y$과 같은 식으로 나타납니다. 유도과정은 생략했습니다. θ에 $\frac{\pi}{4}$를 대입합니다. $\cos\frac{\pi}{4} = \sin\frac{\pi}{4} = \frac{1}{\sqrt{2}} = \frac{\sqrt{2}}{2}$이므로 식을 정리하면 $y' = \frac{\sqrt{2}}{2}(x-y)$, $x' = \frac{\sqrt{2}}{2}(x+y)$가 됩니다. 이를 x, y에 대해 정리하면, $x = \frac{\sqrt{2}}{2}(x'+y')$, $y = \frac{\sqrt{2}}{2}(x'-y')$이 됩니다. 원래의 식에 대입하면 $y = \frac{\sqrt{2}}{2}(x'-y') = \left(\frac{\sqrt{2}}{2}(x'+y')\right)^2 = x^2$이 됩니다. 식을 정리하면 $\frac{\sqrt{2}}{2}x^2 + \sqrt{2}xy + \frac{\sqrt{2}}{2}y^2 - x - y = 0$과 같이 됩니다. 회전변환에서는 원래 없던 x, xy, y^2 항이 생겨난 것을 알 수 있습니다. 앞에서 2차 함수의 그래프의 일반형을 $Ax^2+Bxy+Cy^2+Dx+Ey+F=0$이라고 둔 이유입니다.

| 참고도서 |

《수학하는 뇌》(안드레아스 니더 지음 | 바다출판사)

동물실험과 뇌과학 연구를 바탕으로 수(數) 인지 능력의 신경학적 기반과 진화적 토대를 탐구하는 책이다. 원숭이와 까마귀의 수리 능력에 관한 연구로 유명한 독일의 신경생물학자 안드레아스 니더는 동물들에게도 수리 능력이 있으며, 우리 뇌 속에는 수를 처리하는 '수 뉴런'이 있다고 이야기한다.

사람은 수를 헤아리는 법을 배우지 않고도 직관적으로 안다. 시각 자극에 노출되는 것만으로도 수량을 감지할 수 있다. 어느 것이 더 크고 작은지, 무엇이 더해지거나 없어졌는지 즉각 알아차린다. 이것은 우리가 수에 대한 근본적 이해, 선천적 직관을 가지고 태어나기 때문이다. 이 선천적 능력을 '수 감각' 또는 '수 본능'이라고 한다. 1997년의 쌍둥이 연구에 의하면, 쌍둥이 중 한 명이 계산장애를 가지고 있을 경우 다른 쌍둥이가 이러한 장애를 공유할 가능성은 일란성 쌍둥이의 경우는 58%지만 이란성 쌍둥이는 39%에 불과했다. 유사한 환경에서 자랐어도 일란성 쌍둥이가 더 높다는 점은 수리 능력과 장애가 유전적이라는 단서를 준다. 하지만 이보다 최근의 훨씬 대규모 연구에서, 개인차는 유전적 영향(32%)보다 환경적 영향(68%)이 더 큰 것으로 나타났다.

저자는 초기의 교육적 개입이 수학 성취도가 낮은 아이들에게 도움을 줄 수 있다고 말한다. 한편, 일반적으로 남아들의 수리 능력이 더 뛰어나다고 간주되지만, 과학 연구에 따르면 성별에 따른 차이는 거의 없는 것으로 밝혀졌다.

《도도한 도형의 세계》(안나 체라솔리 지음 | 에코리브로)

《수의 모험》과《수수한 수의 세계》를 쓴 이탈리아의 현직 수학교사인 안나 체라솔리가 기하학을 이야기 형식으로 풀어가는 책이다. 열 살짜리 소년과 수학교사였던 할아버지가 함께 대화를 나눈다.《수의 모험》에서 십진법, 0의 개념, 무리수, 방정식 등 수학의 기본 개념을 주로 설명하고,《수수한 수의 세계》에서는 순열, 조합, 벤다이어그램, 집합, 대수학, 삼단논법, 통계 등 '논리적 사고력' 부분에 주안점을 두었다면, 이 책은 기하학의 발명, 피타고라스의 정리, 유클리드 기하학, 대칭축, 페르마의 마지막 정리, 오일러 공식 등 기하학을 중심으로 도형의 세계를 탐구한다.

즐거운 대화를 나누면서 수학교사였던 할아버지는 똑똑하고 귀여운 손자에게 정사각형의 놀라운 발명과 우리의 일상 물건 어디에든 존재하는 기타 다른 기하학에 대해 이야기해준다. 자동차 전조등에서 페인트 통에 이르기까지, 지오데식 돔에서 톱니바퀴까지, 알람브라 궁전의 모자이크에서 뫼비우스 띠까지. 이제 막 기하학의 원리와 개념에 다가서려는 학생들을 위한 책이다.

《이상한 수학책》(벤 올린 지음 | 북라이프)

그림을 통해 생활 속 수학의 원리 이해를 돕는 수학 교양서이다. 저자인 벤 올린은 수학의 수많은 용도와 이상한 기호, 그리고 일반적으로 이해하기 힘든 수학 연구의 특징인 정신없는 논리적 도약과 신념 등을 쉽게 풀어낸다. 작가는 2013년부터 '이상한 그림으로 보는 수학'(Math with Bad Drawings) 블로그를 통해 대중에게 쉽고 재미있는 수학을 선보이고 있다.

작가는 수학은 만인의 것이어야 한다는 믿음을 토대로 자신의 트레이드마크인 알록달록 '이상한 그림'과 유쾌한 농담을 활용해 수학의 개념과 원리를 쉽게 풀어서 설명한다. 새로운 형태의 틱택토 게임을 통해 수학자가 어떻게 생각하는지 보여 주고, 주사위 한 쌍을 굴려서 경제 위기를 이해하는 법을 보여 주고, 〈스타워즈〉에 나오는 데스 스타를 구체(球體)로 건설하려고 할 때 뒤따르는 수학적 골칫거리들을 보여준다. 미국 선거인단 제도, 인간 유전학, 통계를 믿지 말아야 하는 이유까지 다양한 주제를 담고 있다.

《더 이상한 수학책》(벤 올린 지음 | 북라이프)

많은 사람들이 좋아하는《이상한 수학책》의 후속편이다. 저자는 어떤 수학 공식이나 문제 풀이 없이 미적분의 탄생부터 실생활에 활용되기까지 연대기를 훑으며 수학이 우리 삶과 얼마나 밀접하게 닿아 있는지를 보여준다. 물건의 가격이 시장 이론에 의해 정해지고, 정부가 조세 정책을 통해 적정 세율을 책정하고, 어떤 프로젝트의 예산을 계획하거나 가늠하는 것도 미분과 적분을 경제학, 물리학, 예술, 기술 등의 다른 분야와 융합한 결과다. 이렇듯 관심이 없거나 잘 몰라서 눈치채지 못했던 사회 현상에 숨은 미분과 적분 원리를 소개한다.

미분의 필요성에 관해 저자는 소설가 윌리엄 포크너를 인용해 설명한다. “모든 예술가의 목표는 삶의 움직임을 포착하는 것이다. 인위적인 방법으로 고정하는 것 말이다.” 적분은 무한히 작은 것들의 합이다. 레프 톨스토이의 이야기는 적분의 의미를 담아준다. “역사의 법칙을 알고 싶다면 우리는 왕이나 총리, 장군이 아닌 평범한 사람들을 탐구해야 한다. 무한히 작은 요소인 그들을 통해 전체가 움직이기 때문이다.”

《세계를 바꾼 17가지 방정식》 (이언 스튜어트 지음 | 사이언스북스)

수학 방정식이 인류 역사를 바꿨다는 색다른 시각으로 접근하는 책이다. 기술의 발전과 패러다임의 도약을 이끌며 인류 역사의 경로를 바꾼 17가지 수학 방정식을 엄선해 소개한다.

피타고라스의 정리, 로그 함수와 같은 중고등학교 때 배운 방정식이 등장하는가 하면 나비에-스토크스 방정식, 슈뢰딩거 방정식, 파동 방정식, 블랙-숄스 방정식처럼 이름조차 낯선 방정식도 나온다. 나비에-스토크스 방정식은 자동차나 비행기 등의 유선형 디자인이나 대기 현상과 기후 변화의 예측 등에 두루두루 적용된다. 그리고 상대성 이론을 가지고 위성 내비게이션의 시차를 조정한 덕분에 우리는 올바른 위치 정보를 활용할 수 있게 된다. 또한 복잡한 사회 현상을 정량적으로 분석하는 데에는 정규 분포가, 수많은 파생 상품들을 거래하는 데에는 블랙-숄스 방정식이 쓰인다.

《교양인을 위한 수학사 강의》(이언 스튜어트 지음 | 반니)

인류 문명과 함께 출발한 수학의 역사를 20가지 키워드를 중심으로 살펴보는 책이다. 수학 저술가 이언 스튜어트는 고대 바빌로니아와 그리스, 이집트에서 출발해 뉴턴과 데카르트를 거쳐 페르마와 괴델에 이르기까지, 주요 키워드를 선별해 흥미로운 수학사를 다룬다.

상상 가능한 모든 수를 표현하는 체계가 십진법으로 확장되어 고도로 정확하게 수를 표시할 수 있게 된 것은 고작 450년밖에 되지 않는다. 여기에 우리 생활 깊숙이 스며들어 있는 컴퓨터 수 계산이 널리 퍼진 것은 겨우 20년 전부터다. 수가 없었다면, 지금과 같은 문명은 존재할 수 없었다. 메시지를 전달하고, 입력한 글자의 오류를 수정하고, 상품들을 추적하고, 또한 우리가 먹는 약이 안전하고 효험이 있도록 보장한다. 그리고 핵무기를 만들게도 하며, 폭탄과 미사일이 목표물에 도달하도록 유도한다. 텔레비전에서부터 휴대전화, 대형여객기, 자동차의 GPS, 기차 운행 일정표 그리고 의료용 스캔 장비에 이르기까지 모두 수학에 바탕을 둔다. 그런 의미에서 저자는 지금이야말로 수학의 황금시대라고 주장한다.

《수학, 인문으로 수를 읽다》(이광연 지음 | 한국문학사)

경제, 음악, 미술 등 인간이 영위하는 모든 것에 녹아 있는 수학적 개념을 아우른 책이다. 인문학적 사고를 기반으로, 실생활과 연계되어 있거나 다른 분야와 융합된 흥미로운 수학 원리를 스토리텔링 방식으로 설명한다.

고대의 철학자이자 수학자인 피타고라스는 만물의 근원을 알려면 반드시 수학을 공부해야 한다고 말했다. "산술, 음악, 기하학 그리고 천문학은 지혜의 근본으로 1, 2, 3, 4의 순서가 있다." 피타고라스에 따르면 산술은 수 자체를 공부하는 것이고, 음악은 시간에 따른 수를 공부하는 것이며, 기하학은 공간에서 수를 공부하는 것이고, 천문학은 시간과 공간에서 수를 공부하는 것이다.

《통계학, 빅데이터를 잡다》 (조재근 지음 | 한국문학사)

통계청을 비롯한 국가기관이 관리하는 사회·경제 통계와 더불어 의학·생물학·금융 등 여러 분야를 두루 넘나드는 통계학의 다양한 모습들을 인문학의 시선으로 풀어내는 책이다. 통계학은 조사나 실험으로 얻은 데이터로 미지의 것을 추론하는 학문으로, 불확실한 상황에서 의사결정을 내릴 때 과학적 길잡이 역할을 한다.

빅데이터와 머신러닝의 관계, 머신러닝의 주요 알고리즘과 주요한 통계학적 방법들을 알아보고, 빅데이터와 학습법을 활용해 우리 일상의 문제들을 해결하려는 구체적 사례들을 살펴본다. 불확실성이 가득한 오늘의 세계를 이해하는 데 필수 요소가 된 확률적 사고를 살펴보는데, 복권과 도박에서의 확률과 기댓값 및 생일, 몬티 홀, 상트페테르부르크 문제 등 유명한 확률 문제들을 통해 확률의 여러 모습을 알아보며 아울러 확률의 종류와 베이즈 정리에 대해서도 살펴본다.

《수량화혁명》 (앨프리드 W. 크로스비 지음 | 심산)

중세 후기에서 르네상스에 이르는 동안 서구 문명의 성공을 수량화를 중심으로 풀어가는 책이다. 크로스비는 1250년에서 1350년 사이의 서유럽에서 본격적으로 수량화가 나타났다고 보며 시계와 항해도, 정량적 기보법, 원근법, 복식부기 등을 다룬다.

16세기의 네덜란드 화가 브뢰헬이 그린 〈절제〉에 대한 설명으로부터 이야기를 풀어 나간다. 각양각색의 사람들이 등장하는 이 작품에 근대인들이 열광했던 것들이 매우 직접적으로 나타나고 있다. 달과 별 사이의 각거리를 재는 천문학자와 온갖 측량 도구를 동원해 무언가에 열중인 기술자들, 성서로 보이는 커다란 책을 둘러싸고 열띤 토론을 벌이는 사람들, 저마다 계산에 열중인 상인, 회계사, 농민, 원근법을 사용해 그림을 그리고 있는 화가, 악보를 뚫어지게 바라보며 노래를 부르고 있는 합창단 따위가 등장한다. 그리고 절제를 상징하는 여성이 그림의 중앙에 자리를 잡고 있는데, 그녀의 머리에는 시계가 얹혀 있다. 시공간 인식의 변화를 예술과 사상, 자연과학 및 과학기술, 상업 활동 등 여러 분야를 통해 다루며 근대성 논의에 깊이 있는 시사점을 던져 준다. 스콜라 철학의 사상사·문화사적 역할, 인쇄술로 인한 읽기 문화의 변화, 사회적 환경에 적응하고 좌절하는 예술가들의 생애 등이 발랄한 문체로 그려져 있다.

《박사가 사랑한 수식》(오가와 요코 지음 | 현대문학)

불의의 교통사고로 기억력이 80분간만 지속되는 천재 수학자와 미혼모 파출부인 '나', 그리고 '나'의 아들 루트가 함께 한 1년을 담은 소설이다. '나'와 루트는 천재 수학자로부터 수식의 아름다움을 배워나가면서 서로의 부족한 점을 채워주려는 따뜻한 관심과 사랑을 체험하고 인생의 소중함을 깨닫게 된다.

박사는 '나'의 아들에게 모든 수를 포용할 수 있는 루트 기호와 닮았다고 '루트'라는 별명을 지어준다. 루트에게 박사는 80분의 기억이 허락하는 한도에서 무한한 사랑을 보내주고, 늘 외롭고 혼자였던 루트는 그런 박사에게서 한 번도 느껴보지 못한 할아버지의 따스한 정을 느낀다. 박사는 말한다. 우애수와 완전수, 과잉수와 부족수가 있는 수학은 이 세상을 가장 잘 표현해주는 완벽한 것이라고. 그리고 세상은 놀라움과 환희로 가득 차 있다는 것을 오일러 항등식을 통해 가르쳐준다.

《마음에도 공식이 있나요?》 (조난숙 지음 | 덴스토리)

수학과 심리학의 통합적 접근을 시도하는 수리심리학책이다. 수학이 우리의 마음 또는 인간관계와 어떻게 연결되는지를 이야기한다. 또한 수학과 심리학이 서로 대화를 나눈다면, 어떤 내용의 대화가 가능한지도 보여준다.

수학과 심리학은 많이 다르지만, 공통점도 꽤 있다. 둘 다 과학이면서 예술적 속성이 많으며, 패턴을 연구하는 학문이다. 문제 풀이가 주 활동이기도 한데, 그 과정은 어려운데다 때로는 답을 찾을 수 없을 때도 있다. 해답에 이르는 경로가 여럿일 수도 있다. 역사에 남은 수학자들의 일생을 통해 수학에 감춰진 감정들을 살펴보고, 수학의 엄청나게 넓은 활동 무대를 보여주는 등 수학과 심리학을 넘나드는 흥미진진한 이야기를 들려준다.

《문명과 수학》 (EBS 〈문명과 수학〉 제작팀 지음 | 민음인)

문명 탄생 이전 수의 개념과 최초의 숫자, 곱셈과 나눗셈의 기원, 그리스의 논리적 유추 방식, 아라비아 숫자를 둘러싼 논쟁 등 수학에 관한 주요 이정표를 쉽게 풀어낸 EBS 다큐멘터리를 바탕으로 수학과 문명의 접근을 다루는 책이다. 세상에 왜 수(數)라는 것이 탄생했는지, 그 '보이지 않는 수'를 다루는 수학이 가시적인 우리 삶과 얼마나 치밀하게 연결되어 있는지를 살펴본다.

문명과 수학은 하나였고, 수학은 우리 삶의 학문이었다. 그리고 수학은 철학자들이 자신의 사상을 표현하는 수단이었다. 이를 통해 우리는 기존에 알고 있던 수학 공식들 속에 삶의 공식 또한 숨겨 있다는 것을 알게 된다. 뿐만 아니라 피타고라스, 유클리드, 라이프니츠, 뉴턴, 오일러, 푸앵카레, 와일스, 페렐만 등 수많은 수학자가 만들어낸 문제가 단순히 난해하고 복잡한 수학 문제가 아니라 세상을 앞으로 나아가게 하는 새로운 문명의 열쇠였음을 흥미로운 스토리와 이미지를 통해 재발견할 수 있다.

《X의 즐거움》(스티븐 스트로가츠 지음 | 웅진지식하우스)

하버드와 MIT 학생들이 영화배우보다 더 환호하는 괴짜 수학자 스티븐 스트로가츠가 《뉴욕 타임스》 연재한 칼럼을 바탕으로 한 책이다. '어른의 눈높이'에서 수학이 얼마나 즐거운 일인지를 알게 하고, 우리 안에 숨겨져 있던 '수학 본능'을 일깨운다. 2012년 아마존 과학 분야 최고의 책에 선정되며, 2014년에는 미국수학협회에서 수학 대중화에 크게 기여한 책에 수여하는 오일러 도서상을 수상했다.

생애 초기에 배우기 시작하는 산수에는 어떤 마술적인 힘이 깃들어 있다. "생선, 생선, 생선, 생선, 생선, 생선!" 여섯 명의 손님에게 생선 요리를 주문 받은 〈세서미 스트리트〉의 험프리가 외친다. 그러나 "생선 6!"이라고 말하는 것이 훨씬 쉽다. 6이라는 숫자를 입에 담는 순간 우리는 새로운 개념의 심오한 세계로 들어간다. 현대인들이 아무 생각 없이 쓰는 아라비아 숫자와 0의 역할은 세계에 어떤 혁명을 불러왔을까? 어떤 것을 논리적으로 증명하려면 반드시 기하학을 참고해야 한다는 것을 아는가? 뉴턴의 《프린키피아》도, 스피노자의 《윤리학》도, 모두 기하학의 증명을 모방하고 있다. 언제나 우리를 함정에 빠뜨리던 문장제가 사실은 우리의 해묵은 발상을 전환하기 위한 최고의 도구라면? 아르키메데스가 원주율을 구하기 위해서 그저 원을 자르고 자르고 또 잘랐다는 사실을 아는지? 사랑을 표현하는 미분방정식으로 로미오와 줄리엣의 사랑을 표현한다면 어떤 수식이 나올까? 자신과 1로만 나누어지는 소수가 품고 있는 쓸쓸함과 신비로움까지 수학의 매력을 담아냈다.

《플랫랜드》(앤드윈 A. 애보트 지음 | 늘봄)

2차원 세계를 빅토리아 시대 영국 상황의 풍자와 엮어서 풀어낸 소설이다. SF 공상과학 소설의 시조이며 대가인 아시모프가 격찬했다.

모든 것이 납작한 평면의 나라 플랫랜드에는 다양한 다각형 모양의 계층이 등장한다. 사회의 최하층인 직선 여자들과 성직자인 동그라미에 대한 묘사 등은 19세기 말 영국사회에서 여성들에 대한 성차별과 성직자의 특권의식 등을 날카롭게 비판한다. 갑자기 나타난 3차원의 구와의 대화는 2차원과 3차원의 관계를 구체적으로 생각해 볼 기회를 제공한다.

《앵무새의 정리 1, 2》(드니 게즈 지음 | 자음과모음)

미스터리 소설의 형식으로 수학의 역사를 배울 수 있는 책이다. 탈레스부터 시작해 오일러에 이르기까지 다양한 수학자들의 결과물이 담겨 있다. 수학사를 배울 수 있지만 제시되는 수식이 조금 어려운 편이다.

수학자이자 과학자였으며, 소설가로 활동했던 드니 게즈의 대표작이다. 드니 게즈는 작품을 통해 피타고라스와 페르마, 갈루아, 칸토르 등이야말로 소설에나 존재할 법한 인물이며, 무리수나 집합론, 공간기하학이 아주 흥미로운 주제이며 극적인 힘을 가지고 있음을 보여준다.

《범죄 수학 1, 2》(리스 하스아우트 지음 | Gbrain)

수학을 이용해 범죄 사건을 풀어가는 이야기를 담은 미스터리 수학 소설이다. 주인공 소년이 주변에서 벌어지는 미스터리한 사건들을 수학을 통해 해결해 간다. 캘리포니아의 고등학교 학생인 리스 하스아우트가 썼다.

주인공인 14대 소년 라비는 수학을 매우 좋아한다. 거리와 시간, 확률, 중력가속도, 참과 거짓 등을 활용할 수 있는 문제들로 소년 탐정 같은 라비의 활약이 담겨 있다. 2차 방정식이 자식들에게 부모의 유산을 얼마만큼 분배할지를 정하는 과정을 설명하며 실생활과 수학의 관계도 살펴볼 수 있다.

《이토록 아름다운 수학이라면》(최영기 지음 | 21세기 북스)

서울대 교수진의 강의를 엄선한 '서가명강(서울대 가지 않아도 들을 수 있는 명강의)' 시리즈의 수학편이다. 최영기 교수가 수학의 아름다움에 대한 깊고 넓은 단상을 편안한 언어로 풀어낸 대중수학서다.

저자는 수학에서의 단순한 계산의 반복, 복잡한 수식을 풀어내는 지겨운 과정을 깨기 위해 다양한 사례와 인문학적인 설명을 붙인다. 수천 년을 버틴 아치형 건축물의 구조에서 나눔과 협력의 가치를 이야기하는 식이다. 많은 수학 이론들의 의미도 설명한다. 저자는 본질을 추구하고 완벽한 아름다움을 추구하는 수학을 공부하는 것은 곧 우리의 눈을 아름다운 곳, 행복한 곳으로 향하게 하는 또 하나의 방법이라고 강조한다.

《틀리지 않는 법》(조던 엘렌버그 지음 | 열린책들)

위스콘신 주립대 수학과 교수 조던 엘렌버그가 생활 속의 사례들에서 나타나는 수학의 논리성과 한계, 오류를 잡아내는 방법을 이야기하는 책이다. '수학자들이 인정하는 뛰어난 수학 저술'로 평가 받았다.

상관관계, 선형 회귀, 기대값, 사전 확률과 사후 확률, 귀무가설 유의성 검정…. 엘렌버그는 이런 개념들이 오늘날 얼마나 광범위하게 사용되는지를 농구, 야구, 복권, 논문 심사, 흡연과 폐암의 관계 등의 사례를 들어 설명한다. 이런 개념들 없이는 현대의 뉴스, 스포츠 통계, 정치 사회적 의사 결정 과정을 손톱만큼도 이해할 수 없다고 지적한다. 또한 이런 개념들을 정확히 이해하는 순간, 매스 미디어나 정치권에서 유통되는 정보에 생판 틀린 소리나 작성자도 미처 몰랐던 맹점이 얼마나 많은지도 깨닫게 될 것이라고 말한다.

《미적분의 힘》 (스티븐 스트로가츠 지음 | 해나무)

세계적 수학자가 미적분이 가진 위력과 원리, 발전 과정을 풀어내는 책이다. 일상생활의 무대 뒤에서 조용히 작동하고 있는 미적분학의 존재를 담았다.

GPS 인공위성을 실은 우주선의 궤적, 인공위성에 실린 원자시계의 양자역학적 진동, 중력장이 일으키는 상대론적 오차를 보정하는 아인슈타인의 방정식은 모두 미적분의 언어로 기술되고 예측된다. 미적분학의 원리는 데이터를 압축하는 데도 쓰이며, 덕분에 우리는 호주머니에 5,000곡의 노래를 담을 수 있고, FBI는 지문 정보를 이용해서 범죄자를 잡을 수 있었다. 심지어 미적분이 없었다면 계몽주의와 미국 독립 선언서도 없었을지도 모른다. 뉴턴이 미적분을 사용해 쌓아 올린 정교한 체계는 결정론, 자유, 인권 등 철학적 개념들의 탄생에 큰 영향을 미쳤다.

[논문]

〈수학 용어의 개선 방향에 관한 연구〉 (허민 / 광운대학교)

| 찾아보기 |

ㄱ

ㄴ

ㄷ

ㄹ

ㅂ

ㅅ

ㅇ

ㅈ

ㅊ

ㅋ

숫자

수학은 스토리다

초판 1쇄 발행 2023년 1월 30일

지은이 박옥균

펴낸곳 리더스가이드
펴낸이 박옥균
편집 강동준
디자인 김민경
본문 삽화 고영태
제작 갑우문화사

출판등록 제313-2010-201호(2010년 7월 2일)
주소 04035 서울시 마포구 동교로 12길 42, 204호
전화번호 02-323-2114
팩스 0505-116-2114
이메일 readersguide@naver.com

ISBN 979-11-89471-03-3 (03410)

* 책값은 뒤표지에 있습니다.
* 파본은 구입하신 서점에서 교환해 드립니다.

이 도서는 한국출판문화산업진흥원의 '2022년 중소출판사 출판콘텐츠 창작 지원 사업'의 일환으로 국민체육진흥기금을 지원받아 제작되었습니다.